兰州大学教材建设基金资助

U0158118

FORTRAN 语言及应用

张健恺　张珂铨　编著

气象出版社

China Meteorological Press

内容简介

本书是为大气科学专业本科生的"FORTRAN 语言及应用"课程编写的专业教材。本教材将整个课程体系内容分解凝练成算法、FORTRAN 基本语言、FORTRAN 程序设计方法与思路、FORTRAN 语言在大气科学中的应用四大部分。本教材共 9 章,每章都配有习题,以便读者复习和练习。本书旨在指导学生解决大气科学专业学习中遇到的实际问题,并能够熟练地针对问题进行程序编写。

本书可作为大气科学及相关学科的专业教材,也可作为非计算机专业使用 FORTRAN 语言编程的技术人员的参考书。

图书在版编目(CIP)数据

FORTRAN语言及应用 / 张健恺,张珂铨编著. -- 北京 : 气象出版社,2021.9 (2022.6重印)
ISBN 978-7-5029-7566-1

Ⅰ. ①F… Ⅱ. ①张… ②张… Ⅲ. ①FORTRAN语言—程序设计 Ⅳ. ①TP312.8

中国版本图书馆CIP数据核字(2021)第194835号

FORTRAN Yuyan ji Yingyong

FORTRAN 语言及应用

出版发行:气象出版社

地　　址:北京市海淀区中关村南大街 46 号	邮政编码:100081	
电　　话:010-68407112(总编室)　010-68408042(发行部)		
网　　址:http://www.qxcbs.com	**E-mail**: qxcbs@cma.gov.cn	
责任编辑:张锐锐　王凌霄	终　　审:吴晓鹏	
责任校对:张硕杰	责任技编:赵相宁	
封面设计:地大彩印设计中心		
印　　刷:三河市百盛印装有限公司		
开　　本:720 mm×960mm　1/16	印　　张:11.75	
字　　数:229 千字		
版　　次:2021 年 9 月第 1 版	印　　次:2022 年 6 月第 2 次印刷	
定　　价:40.00 元		

前　　言

　　FORTRAN 语言自诞生以来,广泛应用于数值计算领域,积累了大量高效、可靠的源程序,是一种极具发展潜力的语言。近些年来,随着大气科学的快速发展,FORTRAN 语言在大气科学的科研工作及气象业务中,为研究问题的分析与解决提供了很好的计算工具。

　　FORTRAN 语言及应用是用计算机高级语言 FORTRAN 进行程序设计的课程,它是大气科学各专业本科生系统学习的一门编程课程,在大气物理学、大气探测学、数值分析、数值预报和天气学等领域研究中发挥重要作用。以往 FORTRAN 语言的教学过度侧重于编程语言的全面学习,与大气科学实际问题相脱节,学生学习效率比较低,很难将所学的计算机语言知识用于后续专业课程的学习和业务科研问题的解决过程中。

　　《FORTRAN 语言及应用》包括算法、FORTRAN 基本语言、程序设计方法与思路、大气科学中的应用四大部分,其中:算法是解决问题的方法与步骤,是为解决任何问题时提供完整而系统的策略机制,是整个解决方案的描述;FOTRAN 基本语言方面包括对基本语言的学习以及常用代码、语句的掌握;程序设计方法与思路方面包括对程序设计方法、思路和步骤等过程的学习与理解,能够熟练地针对问题进行程序编写;大气科学中的应用部分针对实例问题进行训练,贯穿始终,以达到充分运用和熟练应用的能力。指导学生解决大气科学学习中遇到的实际问题。

　　根据《FORTRAN 语言及应用》教学大纲的基本要求,结合多年的教学积累和 FORTRAN 语言及应用课程的教学具体需要,我们为大气科学本科生编写了这本《FORTRAN 语言及应用》教材。

　　编者根据多年的工作经验及教学实践,从基础和应用出发,力求该教材简洁实用、浅显易懂、便于自学,为大气科学各专业的学生提供必要的基础知识和技能。

本教材共分 9 章。第 1 章为算法,分别论述了 FORTRAN 语言发展的历史和算法的概念、特性、评价标准、表示方法及应用实例。第 2 章详细介绍了 FORTRAN 语言的字符集、关键字、数据类型、常量、变量和表达式。第 3—5 章详细介绍了顺序、选择和循环结构的实现。第 6 章介绍了数组。第 7—8 章介绍了函数、子例行程序和文件。第 9 章是常用数值算法及实现。

本教材由张健恺和张珂铨执笔编写。限于编者的知识和经验,书中难免有不少缺点和错误,热诚欢迎读者批评指正。

本教材编写过程中,曾参考国内外相关文献、教材和专著二十多种,这些著作中许多精辟的论述和实例,都融入了本教材,参考书目中列出了这些著作,在此谨向上述作者们表示衷心的感谢。

在本书编写过程中,张文煜、李哥青、苏婧、田红瑛、王国印同志提出了宝贵的建议,郭燕玲、毛文茜、张远铮、王云路、周彤、杜明洋、尹源、马蔷、王丹萍、白鑫、郝智源、郑蓉、白音章、李佳媛、杨志成、苏妮儿、董越、郝宁等同志参加了本书稿的校对工作。编者谨向他们表示深深的感谢。

编　者

2020 年夏于兰州大学

目　　录

前言

第1章　算法 ·· 1

§1.1　程序设计语言 ··· 1

§1.2　FORTRAN 语言发展概述 ·· 2

§1.3　FORTRAN 90/95 与 FORTRAN 77 的主要区别 ······························ 3

§1.4　算法的概念 ·· 4

§1.5　算法的特性 ·· 5

§1.6　算法的评价标准 ·· 5

§1.7　算法的表示 ·· 6

§1.8　算法举例 ··· 7

第2章　FORTRAN 语言基础 ·· 18

§2.1　字符集与关键字 ·· 18

§2.2　数据类型 ··· 19

§2.3　常量和变量 ·· 21

§2.4　表达式 ·· 26

第3章　顺序结构程序设计 ··· 32

§3.1　赋值语句 ··· 32

§3.2　PARAMETER 语句(参数语句) ·· 35

§3.3　STOP 语句,PAUSE 语句 ··· 36

§3.4　输入输出语句与格式编辑符 ·· 37

§3.5　库函数 ·· 46

第4章　选择结构程序设计 ··· 47

§4.1　块 IF 语句 ··· 48

§4.2　块 IF 语句的嵌套 ··· 54

§4.3　其他选择结构 ··· 59

第5章　循环结构程序设计 ··· 65

§5.1　带循环变量的 DO 循环结构(确定性循环) ···································· 66

§5.2　DO WHILE 循环结构 ································ 78

　§5.3　循环语句的嵌套 ································ 84

　§5.4　程序举例 ································ 85

　§5.5　其他循环结构 ································ 88

第6章　数组 ································ 92

　§6.1　数组的定义和引用 ································ 93

　§6.2　数组元素的引用 ································ 94

　§6.3　数组的逻辑结构与存储结构 ································ 95

　§6.4　数组的赋值、输入与输出 ································ 97

　§6.5　数组常用算法 ································ 100

　§6.6　动态数组 ································ 110

　§6.7　where 语句 ································ 114

第7章　函数与子例行程序 ································ 118

　§7.1　函数 ································ 119

　§7.2　子例行程序 ································ 123

　§7.3　函数与子例行程序的比较 ································ 126

　§7.4　虚实结合 ································ 127

　§7.5　程序举例 ································ 136

　§7.6　递归子程序 ································ 138

　§7.7　语句函数 ································ 140

第8章　文件 ································ 143

　§8.1　文件的结构 ································ 143

　§8.2　文件的存取方式 ································ 144

　§8.3　主要的文件操作语句 ································ 145

　§8.4　文件程序举例 ································ 148

　§8.5　NetCDF 文件 ································ 155

第9章　常用数值算法举例 ································ 164

　§9.1　数值方法求定积分和微分 ································ 164

　§9.2　牛顿迭代法求代数方程的根 ································ 168

　§9.3　线性插值法 ································ 172

附录　FORTRAN 95 标准函数库简表 ································ 177

主要参考书目 ································ 182

第1章 算 法

本章以算法为核心内容进行介绍，为读者学习和掌握基本的程序设计奠定坚实的基础。本章所关心的内容仅限于计算机算法，即计算机程序执行的算法。

§1.1 程序设计语言

在介绍程序设计语言之前，需要先简单了解计算机的工作原理。计算机的基本工作原理是基于二进制的，计算机内的信息都是由"0"和"1"构成的二进制来实现的，这种存储信息的最小单位被称作"位（bit）"。以8位组成一个"字节（byte）"，字节是存储信息的基本单位。由一个或几个字节组成一个存储单元，称为"字（word）"，一个存储单元中存放一条指令或一个数据。控制操作计算机就是在读取、调用和处理存储单元中的指令和数据，而程序设计语言是实现这些过程的重要手段。

程序设计语言是把具有特定意义的字组按照一定规则组成的集合，用来向电脑发出指令，人们通过某种程序设计语言编写的程序来指挥和控制计算机运行。因此，程序设计语言是人与计算机之间进行交流、沟通的语言。程序设计语言有严格的语法、语义和语用规定，不允许出现二义性和不确定性。语法是指词的构词、构形的规则和组词成句的规则，语义是指语句特定的含义，语用是指正确理解和使用语言。

程序设计语言分为低级语言和高级语言。

低级语言又分为机器语言和汇编语言。机器语言是一种计算机能直接识别、理解和执行的程序语言或指令代码，它由0和1两个二进制符号按照确定的规则进行排列和组合。汇编语言是用一些易于理解的符号来取代机器语言中难于理解的二进制编码的程序设计语言，常用助记符代替机器指令的操作码，用地址符号或标号代替指令或操作数的地址。低级语言与计算机硬件有关，不同平台之间不可直接移植，虽然执行效率高，但难于编写。

高级语言，也称为"算法语言"，是指其表达式接近自然语言和数学语言的一类程序设计语言，是一种独立于机器，面向过程或对象的语言。它克服了低级语言固有的缺点，易读易学、易于编写、可靠性高、可维护性好，与计算机的硬件结构及指令系统无关，能在不同类型计算机上运行。本书介绍的FORTRAN语言就是一种常用的高级语言。

高级语言程序不能被计算机直接识别、理解和执行，必须经过一个过程转换成机器语言程序，这个过程称为"编译/解释"。被转换的高级语言程序称为"源程序"，转换后的机器语言程序称为"目标程序"。编译和解释是两种不同的转换方式,其中"编译"是将源程序全部翻译成目标程序后,再运行整个程序,而"解释"是逐条翻译源程序,翻译一句再执行一句,效率较低。

高级程序设计既需要遵循有关设计规则,还要有成熟的设计方法。方法一般有两种,分别为面向过程和面向对象。面向过程方法强调模块化,即把大程序划分成若干个模块,把复杂问题分解成许多容易解决的小问题,每个模块完成一个子功能,模块之间互相协调,共同完成特定功能,也要求结构化,通过三种基本控制结构(顺序、选择、循环)来实现,由自顶向下、逐步求精的设计方法来实现程序。面向对象设计方法是从具体问题的数据实体出发,分析其数据结构、操作及相互关系,对数据实体进行类定义,对其中数据和操作进行处理,创建对象实例并运行,来完成问题的求解工作。

§1.2 FORTRAN 语言发展概述

FORTRAN 是英文 FORmula TRANslator 的缩写,译为"公式翻译器",它是为解决科学、工程领域中需要用数学公式表达的问题而设计的,其数值计算的功能较强。

1951 年,美国 IBM 公司约翰·贝克斯开始研究 FORTRAN 语言,1954 年正式对外发布,取名 FORTRAN I。此后,FORTRAN 推出了多个版本,其中比较知名的是 1958 年的 FORTRAN II 和 1962 年推出的 FORTRAN IV。1962 年美国标准化协会(ANSI)成立相关机构开始进行 FORTRAN 语言的兼容性和标准化研究,1966 年正式公布了美国国家标准 FORTRAN ANSI X3.9-1966,即 FORTRAN 66,在接下来的十几年中,几乎统治了整个数值计算领域,大多数应用程序和程序库都是用 FORTRAN 66 编写的。1976 年 ANSI 继续根据实际需求修订 FORTRAN 66,1978 年正式公布了新的美国国家标准 FORTRAN ANSI X3.9-1978,即 FORTRAN 77。1980 年 FORTRAN 77 被国际标准化组织(ISO)确定为国际标准。

1991 年 ANSI 公布了新的美国国家标准 FORTRAN ANSI X3.198-1991,1992 年此标准被 ISO 确定为国际标准 FORTRAN ISO/TEC 1539-1:1991,即 FORTRAN 90。FORTRAN 90 的推出,既保持和 FORTRAN 77 的向下兼容性,又使 FORTRAN 语言具有了现代特点。

1997 年 ISO 对外公布了 FORTRAN 95。FORTRAN 95 是 FORTRAN 90 的修正版,主要加强了 FORTRAN 在并行计算方面的支持,废弃了部分过时的语言特征,成为目前科学计算领域的最佳程序设计语言之一。

FORTRAN 2003 是在 FOTRAN 95 基础上发展出来的一个新版本,增强了派生数据类型、面向对象编程和过程指针等新功能。

由此可见,FORTRAN 语言是一种动态发展的语言,在发展过程中,它不断吸收现代编程语言的新特性,使得其在工程与科学计算领域仍然占有不可替代的重要地位。

§1.3　FORTRAN 90/95 与 FORTRAN 77 的主要区别

由于 FORTRAN 77 使用历史较长,而 FORTRAN 90/95 是目前比较流行的 FORTRAN 语言版本,因此,本书主要比较两个版本的差别。

FORTRAN 77 与 FORTRAN 90/95 都可以只包含一个主程序或由一个主程序和若干个子程序组成,但是 FORTRAN 90/95 语言模块化和结构化的程序组织结构更加明显。如 FORTRAN 90/95 语言新增了 MODULE 功能,它可以用来封装程序模块,将程序中具备相关功能的函数及变量封装在一起。

在源程序书写形式方面,早期的 FORTRAN 程序是通过打孔卡片输入的,每一张打孔卡片都只有 80 列宽度,每一列只能表示一个字符、数字或符号,因此,FOR-TRAN 77 都有固定的源码格式。相比之下,FORTRAN 90/95 源程序采用自由书写格式,每行语句长度可任意,默认为 132 个字符。一行也允许写多条语句,语句之间用“;”间隔。

在数据类型方面,FORTRAN 77 有两种实型变量,即 REAL(单精度实型)和 DOUBLE PRECISION(双精度实型),由于不同计算机中的实际精度和数据类型取值范围不同,会使得与变量精度有关的程序难以移植。因此,FORTRAN 90/95 语言不再使用 DOUBLE PRECISION 数据类型,而是通过 KIND 参数来指定数据类型的取值范围和精度。

在数组方面,FORTRAN 90/95 新增了动态数组,与 FORTRAN 77 语言仅能使用的静态数组相比,动态数组在声明时不分配存储单元,在程序运行时再由语句分配对应大小的内存,且大小可按需要调整。这种数据结构在处理不同长度的数组时,具有十分突出的优势。

在语句和子函数方面,相比 FORTRAN 77,FORTRAN 90/95 提供了更多功能强大的语句和子函数,如标准函数 NULL 和标准子例行程序 CPU_TIME 更便捷,新增的 WHERE 语句可以对数组进行整体操作,新增了 FORALL 并行控制语句,增强了 FORTRAN 语言的并行计算能力。同时,FORTRAN 90/95 新增了递归子函数和子程序,使得 FORTRAN 语言在处理阶乘等算法时,更加高效、快捷。

FORTRAN 90/95 还新增了指针,增强了 FORTRAN 语言的现代化特点。指针是具有动态属性的变量,是用于构建动态数据结构的一种数据形式,指针可以用来高效构建和访问动态数据结构。

此外,FORTRAN 90/95 不提倡使用 FORTRAN 77 中一些过时的语言特征,如无条件转移语句 GOTO 语句,因为 GOTO 语句的随意性较大,如果不加以限制,就会破坏结构化设计风格,会导致代码晦涩难懂,降低程序的可读性。FORTRAN 90/95 提倡使用 MODULE 模块而不是 COMMON 块来实现程序单元之间的数据共享,这主要是因为 COMMON 块采用内存字节一一对应,而不是采用变量名称一一对应,容易发生错误,且难以排查和调试。

§1.4　算法的概念

算法即解决问题的方法与步骤。简单地说,算法就是做事情的步骤。例如,在奥运会开幕式上,要先演奏国歌,然后进行开幕式文艺演出,接着各国代表队按主办国语言的首字母顺序列队入场,各位领导讲话,升奥林匹克旗,运动员裁判员宣誓,最后点燃奥运圣火。这些都是按一系列的顺序进行的步骤,缺一不可,次序乱了也不行。因此,人们从事的各种工作和活动,都必须有详细的步骤,以免产生错乱。例如每天起床后叠被子、洗脸、刷牙、吃早餐等,事实上都是按照一定的步骤执行的。

对于同一件事情、一个问题而言,可以采用不同的方法和步骤,这就是不同的算法。

著名的高斯故事:当老师问 $1+2+3+4+5+\cdots+100$ 这个序列的和的时候,有的学生采用的是 $1+2$,再加 3,再加 4,$\cdots$,一直加到 100,得到结果 5050;而高斯采用的方法是先用 $1+99$,再用 $2+98$,依次类推,$\cdots\cdots$,$49+51$,最后 $100\times50+50=5050$。不同的算法,得到了相同的结果,但是,高斯的算法要更加简单,由此可见算法有优劣之分。一般而言,设计解决问题的算法时,不仅要保证算法的正确,还要考虑算法的质量,尽可能采用运算方便、步骤简洁的算法。

计算机算法可以简单地分为两类,一类是数值型算法,例如求方程的根,求矩阵的逆,解多元方程等。另一类为非数值型算法,其应用面十分广泛,常见的有预测,决策,寻优等,例如管理领域的人体面部识别,图书馆档案管理等。由于数值运算经过多年的研究,在各种数值运算问题上都有较为成熟的算法可供选用,因此一些编程软件中往往将其编纂成库,使用户可以直接调用。相比之下,非数值运算种类繁多,针对性强,难以生成普适性很强的程序,因此,只针对一些经典的非数值运算问题有一些成熟的算法,如货郎担问题、排序问题等,其他针对性较强的非数值运算问题,需要用户参考已有的算法重新设计新的算法。

已经被开发的成熟算法种类较多,例如穷举法、递归法、迭代法、动态规划法、回溯法等,本书会介绍一些简单的经典算法,旨在帮助读者了解算法的基本概念,学会设计常用的算法,希望读者通过这些例子了解算法设计的具体过程和思考方式。

§1.5 算法的特性

一个准确、规范的算法必须具有以下 5 个特性。

(1)有穷性:一个算法应当是一个包含有穷操作步骤的指令集,即一个算法必须包含有限个操作步骤,不能是无限的。

"有穷性"还代表算法应当在有限、合理的时间内完成运算,若一个算法需要执行过长的时间才能结束,虽然其程序长度是有限的,但是过长的计算时间超过了合理的限度,使算法失去了意义,这样的算法是没有价值的。

(2)确定性:算法中的每一步都应该是确定的,不能存在二义性或不确定性。二义性即该语句在此算法中会出现两种或两种以上的含义,导致程序难以运行,例如:A 为小于 2 的自然数,这里"0"和"1"都为小于 2 的自然数,因此,定义会产生二义性;不确定性即该语句的描述模糊,无法执行,例如:该国的 GDP 值为 10 亿,这是"不确定"的,因为该国定义模糊,无法执行。

(3)有 0 个或多个输入:输入是指执行算法时,计算机从外界取得必要的信息。有些算法可以不必要从外部取得数据(0 个输入),而从内部生成。少量数据适合从内部直接生成,但大量数据的获取一般需要外部输入,大多数的算法需要输入步骤。

(4)有 1 个或多个输出:算法即求解过程,"解"就是输出。一个算法在计算机的执行过程中必须要有 1 个或多个的输出结果,没有输出的算法是没有意义的。

(5)可行性(也称有效性):算法中的每一个步骤都应当是可实现的,且能在有限时间内完成,即在计算机中是可以运行的,并且能够得到确定的结果。例如:B=0;A=1;C=A/B;这里由于 B 是等于零的,所以该除法运算是不可行的。

§1.6 算法的评价标准

在算法设计中,只满足算法的基本特性是不够的,一个好的算法除了满足以上 5 个特性之外,还应考虑算法的"质量"问题。对于一个问题,可以设计若干个算法求解,算法是有优劣之分的,而高质量的算法是高质量程序的保障。目前,通用的算法质量评价标准一般有以下几个。

(1)正确性:算法的正确性是评价算法的一个重要标准,只有保证正确的运行结果,才能称得上是一个好的算法。算法的正确性必须通过严格的验证,不能主观臆断。

(2)可读性:算法的可读性即指该算法供人们阅读的容易程度,一个好的算法应具有良好的可读性,采用科学、规范的程序设计方法可以提高算法的可读性。

(3)高效率(复杂度):算法的复杂度分为时间与空间两个方面,算法的时间复杂度即执行算法的计算工作量、计算效率;算法的空间复杂度即算法需要占用消耗的内存空间。一个好的算法应当具有执行速度快、运行效率高、占用内存少的特点。

（4）普适性：普适性即该算法的适用能力，一个好的算法要尽可能适用于解决一类问题，具有较好的通用性。

（5）容错性（稳定性）：容错性即算法对不合理、错误的输入数据的反应能力和处理能力。

§1.7　算法的表示

对于没有学习过计算机语言的人来说，算法（程序）就像是一个"黑箱子"，在用算法解决问题时，只需要根据程序的要求提供必要的输入，就可以得到输出结果。就像人们使用的"傻瓜相机"一样，只需要对准目标按下快门，就能得到一张自己想要的照片，在这个"傻瓜程序"中，目标与快门动作就是必要的输入，照片即所需要的输出。在执行这些类似的程序时，人们不需要了解其内部的构造和操作，只是从外部特性上了解了算法的功能，就可以使用。就如上例中的照相机，不需要知道如何调焦和聚光的，只要对准目标按下快门就行了。

对于程序设计人员来说，"只会对准目标按下快门"是不行的，必须要会设计算法，并且能够根据算法编写程序。

为了方便程序设计人员交流，对于算法，人们开发出许多描述工具进行描述，例如自然语言、传统流程图、结构化流程图、伪代码和 N-S 流程图等。

1973 年美国学者 I. Nassi 和 B. Shneiderman 提出了一种新的算法流程图，以他们姓氏的第一个字母命名为 N-S 图，又称为盒图。在 N-S 图中取消了传统流程图中带箭头的流程线，以一个完整的矩形框描述算法，在矩形框内还包括从属于它的框、线条及一些文字解释，这种流程图提高了程序的可读性，且更加适用于结构化的程序设计。因此，本书采用 N-S 流程图描述算法。

N-S 流程图有以下几个基本流程图图形符号，如图 1.1 所示。

N-S 图的基本图形符号只有 4 种，分别表示顺序、选择、当型循环和直到型循环等 4 种程序结构。框间水平隔线表示上下两框间进入、出口关系，没有其他进入、出口途径。图形符号可相互嵌套，用于描述比较复杂的算法。

（1）顺序结构

如图 1.1a 所示，表示 A 框执行完后立即执行 B 框，A 框、B 框中给出的处理说明，可以使用文字描述、一组操作、一个子程序名、一个模块名或其他 N-S 图图形符号。

（2）选择结构

如图 1.1b 所示，当条件表达式值为真时，执行 A 框中的操作，当条件表达式值为假时，则执行 B 框中的操作，整个结构为一个整体。特别地，A 框或 B 框可以为空，但是 A 框、B 框不能同时为空。

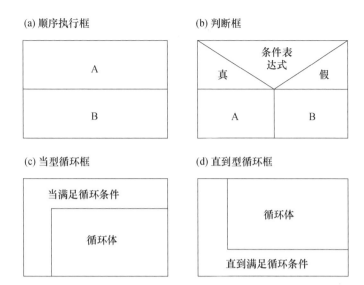

图 1-1 N-S 流程图基本程序结构图形符号

（3）循环结构

循环结构分为两种，其中一种为当型循环结构，如图 1.1c 所示，当满足循环条件时，程序反复执行"循环体"框中的操作；当循环条件不满足时，循环终止。

另一种为直到型循环，如图 1.1d 所示，程序反复执行"循环体"框中的操作，直到满足条件时终止循环。

特别地，计数型循环（循环次数预先确定的循环程序）可用当型循环结构图形描述，"当满足循环条件"框中的条件表达式指定循环初值、终值和步长。

§1.8 算法举例

【例 1.1】现有瓶 A，其内部装有醋，以及瓶 B，其内部装有酱油，要求设计一算法，使瓶 A 中的醋装入瓶 B，而瓶 B 中的酱油装入瓶 A（顺序结构）。

算法示例如下：

步骤 1：定义瓶 A，且使其内部存储数据 1（代表醋），即 A＝1；

步骤 2：定义瓶 B，且使其内部存储数据 2（代表酱油），即 B＝2；

步骤 3：定义瓶 C，内部存储为空。

步骤 4：C＝A；

步骤 5：A＝B；

步骤 6：B＝C；

N-S 流程如图 1-2 所示。

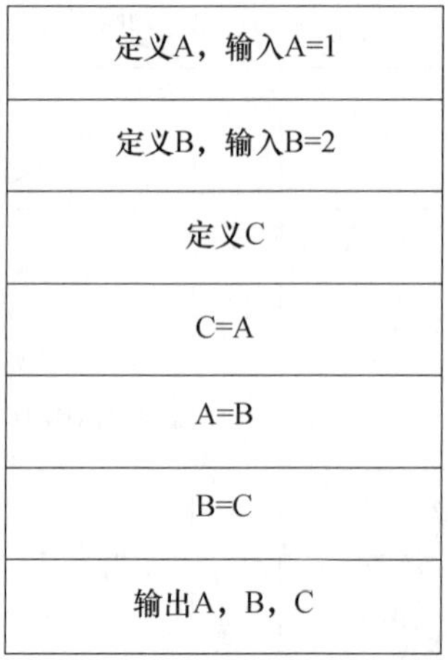

定义A，输入A＝1
定义B，输入B＝2
定义C
C＝A
A＝B
B＝C
输出A，B，C

图 1-2　"酱油醋"互换算法的 N-S 流程图

　　读者可以在本例中看出，由于酱油和醋任何一种液体直接装入另一个瓶中，都将稀释混合原来瓶中的液体，改变液体的属性。这对应于计算机存储单元具有可覆盖的特点。即如果在求解该题的过程中，直接令 A＝B，B＝A；则在第一步 A＝B 时，B 中的数值 2 已经覆盖了 A 原先的赋值 1，而后再令 B＝A 时，已经无法将 A 原来的值存储 B 中，而是将 A 新的值(2)存入 B 中，无法得到预期的结果。在引入中间变量 C 的算法中，使 C 先存储会被覆盖的 A 的初始存储值 1，相当于"将 A 中的醋先倒入 C"即先 C＝A；而后再令 B 的存储值覆盖 A 的初始值，完成"将 B 中的酱油倒入 A"的过程，即 A＝B；最后，使 A 的最初存储值(现存储于 C 中)覆盖 B 的存储值，即"将 C 中存储的醋倒入 B 中"(B＝C)；设置一个中间的"空瓶"C，由此完成整个"酱油醋"互换过程。

　　【例 1.2】在降雪的天气预报过程中，工作人员通常根据降雪量的大小将降雪分为小雪、中雪、大雪和暴雪 4 个等级，通常规定如下(选择结构)。

　　(1)小雪：12 小时内降雪量小于 1.0 mm；

　　(2)中雪：12 小时内降雪量为 1.0～3.0 mm；

　　(3)大雪：12 小时内降雪量为 3.0～6.0 mm；

　　(4)暴雪：12 小时内降雪量大于 6.0 mm。

　　从键盘上接收一个 12 小时内的降雪量，并输出降雪等级，要求使用 N-S 流程图描述其算法，结果如图 1-3 所示。

　　在本例中，以变量 r 作为输入降雪量的存储单元，然后利用顺序结构与选择结构依次判断 r 的大小是否属于小雪、中雪、大雪和暴雪的数值范围。当降雪量超过某一范围时，即条件为"假"，立刻输出结果；当降雪量小于某一阈值时，仍需判断它属于阈值以下的哪个降雪等级，直至程序判定为"小雪"。

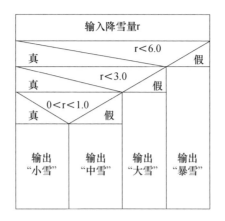

图 1-3 降雪量等级判定的 N-S 流程图

可以看出,本例算法按照从大到小的次序依次进行判断,而非毫无逻辑地先判断一个,再判断一个的方式,使得程序整体条理有序、简单易懂。由此可见,在面对多种选择结构的过程中,应当抓住各选项之间的联系,简化选择过程进行程序设计,可以有效地提高程序的可读性与可靠性。

【例 1.3】求 $1+2+3+4$ 的值。对于这个求和问题,可以有两种算法。

算法一:

(1)将 1 输入计算机;

(2)将 2 输入计算机;

(3)将上面两个数字相加;

(4)将 3 输入计算机;

(5)将它和 1,2 相加;

(6)将 4 输入计算机;

(7)将它和 1,2,3 相加。

这种算法符合日常的思维习惯,即输入一个数字,然后再与前面已经得到的和再做加法运算。另外,还可以利用数学家高斯当年计算这一问题的方法,即将首项加末项乘以项数除以 2。对于计算机而言,由于并不知道数列的项数,则执行以下算法。

算法二:

(1)将 1 输入计算机;

(2)将 4 输入计算机;

(3)将上面两个数字相加;

(4)将 2 输入计算机;

(5)将 3 输入计算机；

(6)将上面两个数字相加；

(7)将两次的求和结果相加。

刚才的例子,从计算机算法的角度而言,高斯算法在执行步骤上并不比普通算法更简单。如果把上面等差数列的数字上限 4 改成 100 又会如何。

【例 1.4】求 $1+2+3+\cdots+100$ 的值,可以写出以下的算法(循环结构)(图 1-4)。

(1)将 1 输入计算机；

(2)将 2 输入计算机；

(3)将上面两个数字相加；

(4)将 3 输入计算机；

(5)将它和 1,2 相加；

……

(198)将 100 输入计算机；

(199)将它和前 99 个数字之和相加；

(200)打印出这 100 个数字的总和。

可以看出,上面这个算法虽然可以实现,但是算法步骤非常多,如果将求和上限从 100 改成 1000 甚至 10000,那么算法会变得更长。事实上,计算机的特点就是可以重复执行某个操作,在计算语言中将"重复算法"称作"循环",这也是与人的思维的一个重要区别。算法可以写成:

(1)定义一个"计数变量"N,并给 N 赋以初值为 1；

(2)定义一个"累加变量"S,使它初值为 0；

(3)将 N 和 S 的值相加,它们的和存储在累加变量 S 中,即 $N+S \Rightarrow S$；

(4)将"计数变量"N 的值加 1,即 $N+1 \Rightarrow N$(N 的值表示已累加的数据个数)；

(5)如果 N≤100,则返回步骤(3)继续执行,否则执行步骤(6)；

(6)输出累加变量 S 的最终结果。

这个算法在表述上明显比第一个算法要简单,它的思路是让"累加变量"S 在每次循环过程中不断更新数值,然后再把 S 的新值作为下一次运算的基础,让"计数变量"N 的数值也增加 1,直到达到 N 的最大值,算法结束。这个算法具有较大的灵活性,即把求和上限更改为 1000 或 10000 时,只需要把步骤(6)中的"计数变量"N 的最大值改为 1000 或 10000。这个算法的 N-S 流程图如图 1-4。

上述算法是常见的求和累加算法,其核心算式为 $S=S+N$,表示的是每一次循环都在上一步 S 的基础上加上 N,然后不断循环更新。这种循环是在 N 小于等于 100 的前提下才能进行,因此,该算法又叫"当型循环"算法。

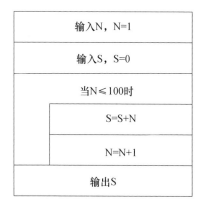

图 1-4 数列 $1+2+3+\cdots+100$ 求和算法的 N-S 流程图

【例 1.5】用 N-S 流程图描述求解 $\sum\limits_{N=1}^{M} N$ 的算法（图 1-5）。

图 1-5 求和算法的 N-S 流程图

本例给出的是当等差数列的上限为一个不确定的数字时的求和算法,这种算法具有很好的普适性,因为只需要修改求和上限 M 的数值,就可以在不变动程序的前提下,计算不同等差数列的和。

【例 1.6】求 $1\times2\times3\times\cdots\times100$ 的值。类似于【例 1.4】,只需将加法运算换成乘法运算即可（图 1-6）。

(1)定义一个"计数变量"N,并给 N 赋以初值为 1;

(2)定义一个"累乘变量"M,也使它初值为 1;

(3)将 N 和 M 的值相乘,它们的乘积存储在累积变量 M 中,即 $N\times M\rightarrow M$;

(4)将"计数变量"N 的值加 1,即 N+1→N(N 的值表示已累乘的数据个数);

(5)如果 N≤100,则返回步骤(3)继续执行,否则执行步骤(6);

(6)输出累乘变量 M 的最终结果。

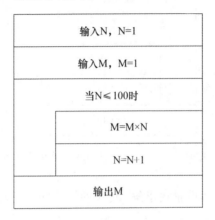

图 1-6　累乘算法 N-S 流程图

【例 1.7】全年级有 180 名学生,每一名学生都有一门期末考试平均成绩,现需要输入每个学生成绩后再在屏幕上逐项输出。

在传统算法里,会用一个变量表示一个学生的成绩,这样需要定义 180 个不同变量,然后利用每个变量读入一个学生成绩来实现这一算法,其过程如下面的 N-S 流程图 1-7 所示。

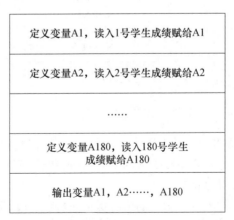

图 1-7　读入学生成绩的传统算法 N-S 流程图

很多情况下需要在程序里使用非常多的数据,这个时候利用上述算法中定义简单变量的方法则需要成百上千个变量,这样会使得程序编得十分繁琐冗长。为了解决这一类问题,许多高级语言都会提供一种十分有用的数据结构——数组。利用数组可以对上述算法进行改写,如图 1-8。关于数组的详细内容会在本书的第六章进行介绍。

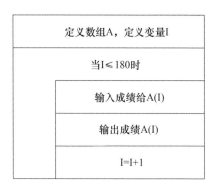

图 1-8　利用数组读入学生成绩的 N-S 流程图

【例 1.8】已知班级 50 个人的课程成绩,并逐次输入,然后统计班级的平均分以及不及格同学的平均分(循环结构与选择结构相结合)(图 1-9)。

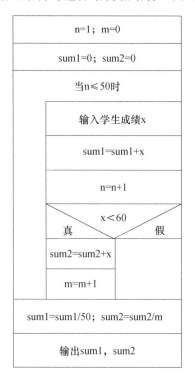

图 1-9　计算班级平均分的 N-S 流程图

　　本例将循环结构和选择结构算法相结合,通过选择算法挑选出班级中不及格学生的序号,并对他们的成绩进行累加求和,最终求得平均成绩。

　　【例 1.9】已知某市某月的 31 天的温度,要求读入温度并求解该市该月的平均温度值。本例算法的 N-S 流程图如图 1-10 所示。

图 1-10　求某市月平均温度 N-S 流程图

　　在本例中,需要完成一个复杂任务,其中包括数据读入以及求和计算等多个过程,因此,可以将算法的顺序结构分解为:

　　(1)定义数组,将数据依次循环读入到存储数组中;

　　(2)通过累加算法进行求和;

　　(3)通过求平均程序求得最终结果。

　　【例 1.10】在现实生活中,常常需要按照身高排列队伍,或者需要根据成绩高低对班级学生进行排名。这些问题都可以通过"排序算法"来实现。排序算法有多种类型,以对一串无序数列(a_1, a_2, …, a_n)按照从小到大的顺序排序为例,算法举例如下。

算法一：

（1）比较相邻的数字（a_i 和 a_j，$i=1,2,\cdots,n-1$；$j=i+1$），如果前一个数字比后一个数字大，就把它们的位置对调；

（2）对每一对相邻数字重复步骤（1），从开始第一对到结尾的最后一对，直至最后的数字 a_n 是最大的数；

（3）针对未排序序列 $a_1,a_2,\cdots,a_{n-1}$ 重复步骤（1）、步骤（2）；

（4）重复执行上述步骤，使得需要比较排序的无序序列数字个数越来越少，直至没有任何一对数字需要比较。

上述算法被称作"冒泡排序法"，这个算法的名字由来是因为越小（或越大）的数字会经过比较交换位置慢慢"浮"到序列的顶端。

算法二：

（1）用第一个数字 a_1 与未排序列 $a_2,\cdots,a_n$ 中的其他数字比较，如果其他数字比第一个数字小则交换两个数字的位置，否则不交换；

（2）第一个小数已经确定了，则将第二个数字 a_2 与未排序列 $a_3,\cdots,a_n$ 中其他的数字比较，如果其他数字比第二个数字更小则交换，否则不交换；

（3）将第 i 个数字 a_i 与未排序列 $a_{i+1},\cdots,a_n$ 中其他的数字比较，如果其他数字比第 i 个数字更小则交换，否则不交换；

（4）重复上述步骤直至第 $n-1$ 个数字 a_{n-1}，则完成整个序列按照从小到大顺序排列。

因为这种算法每次都要从未排序序列中寻找出最小（或最大）的数字，然后把这个数字放至无序序列的起始位置，所以这种算法被称作"选择排序法"。

算法三：

（1）从第一个数字 a_1 开始，该数字可以认为已经被排序；

（2）取出下一个数字 a_2，在已经排序的数字序列中从后向前逐个比较；

（3）如果取出的数字 a_2 小于前面已经排好序的数字 a_1，则将 a_2 插到 a_1 前面；

（4）重复步骤（2）、步骤（3），取出数字 a_i，在已经排序的数字序列 $a_1,\cdots,a_{i-1}$ 中从后向前逐个比较，直到找到数字 a_i 小于或等于已排序的数字的位置，将 a_i 插入到该位置后。

这种排序算法称为"插入排序法"，其工作原理是通过构建有序序列，对于未排序数据，在已排序序列中从后向前扫描，找到相应位置并插入。

从上面列的三种算法例子可以看出，即使对于同一个排序问题而言，都存在多种不同的算法来实现。但是 3 种方法存在优劣：冒泡排序算法运行起来非常慢，但在概念上它是排序算法中最简单的；选择排序法改进了冒泡排序法，尽管比较次数和冒泡排序法一样，但是交换次数明显减少，由于交换操作需要在计算机内存中对数字进行移动操作,因此,减少交换的时间相比减少比较的时间而言更为重要;在大多数情况下,插入排序算法是这三种排序中最好的一种,一般而言,它要比冒泡排序法快一倍,比选择排序法还要快一些。事实上,还有 10 多种排序方法,这里不一一赘述。

【例 1.11】 已知【例 1.9】中某市的温度数据序列,要求将该序列按照从小到大的顺序排列(循环结构与选择结构相结合)。

本例算法的 N-S 流程如图 1-11。

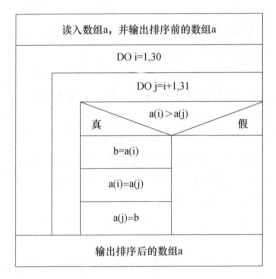

图 1-11　排序法温度排序 N-S 流程图

在本例中,采用的是选择排序法。其主要思想是在第 i 次排序记录过程中选取未排序序列中的最小的数据放在第 i 个位置,从而使得每次排序过程都能将最小的数放在待排序列的起始位置,直到所有数据按照从小到大(或从大到小)的顺序排列为止。

【例 1.12】 汉诺塔(又称河内塔)问题,它源于印度一个古老传说:大梵天创造世界的时候做了三根金刚石柱子,在一根柱子上按照"下大上小"的顺序摞着 64 片黄金圆盘。大梵天命令婆罗门把圆盘仍旧按照"下大上小"的顺序重新摆放在另一根柱子上。并且规定,在小圆盘上不能放大圆盘,在三根柱子之间一次只能移动一个圆盘。请设计算法完成汉诺塔问题。

算法一:假设从左到右有 A,B,C 三根柱子,其中 A 柱子上面有从小叠到大的 N 个圆盘,现要求将 A 柱子上的圆盘移到 C 柱子上去。根据汉诺塔的规则限定:

(1)当 N=1 时,只需将盘子从 A 移动到 C 柱,共 1 次;

（2）当 N＝2 时，第 1 次需把小盘从 A 移动到 B 柱，第 2 次需把大盘从 A 柱移动到 C 柱，第 3 次将小盘从 B 柱移动到 C 柱，共 3 次操作；

（3）当 N＝3 时，第 1 次把小盘从 A 柱移动到 C 柱，第 2 次将中号盘从 A 柱移动到 B 柱，第 3 次将小盘从 C 柱移动至 B 柱，第 4 次将大盘从 A 柱移动至 C 柱，第 5 次将小盘从 B 柱移动至 A 柱，第 6 次将中盘从 B 柱移动至 C 柱，第 7 次将小盘从 A 柱移动至 C 柱，总共 7 次操作。

不难发现，对于 N 个圆盘的操作步骤数需要 2^N-1。经计算如果要移动完 64 块金盘需要 5845.54 亿年以上，而地球存在至今不过 45 亿年，太阳系的预期寿命据说也就是数百亿年。真的过了 5845.54 亿年，不说太阳系和银河系，至少地球上的一切生命，连同梵塔、庙宇等，都早已经灰飞烟灭。

算法二：事实上，可以将问题换一种思考方式：

（1）将所有盘按照从小到大依次编号为 $1,2,\cdots,n$，可以看出第 n 号盘是最大的盘，在最下面；

（2）如果想将第 n 号盘放在 C 柱上，那么必须先将 $(1,\cdots,n-1)$ 号盘先移动到 B 柱上，然后将 n 号盘移动至 C 柱上，最后再将 $1,\cdots,n-1$ 号盘放至 B 柱；

（3）接下来需要将第 $n-1$ 号盘移动至 C 柱，那么可以将 A 柱当成 B 柱，重复步骤（2），直至所有盘按照 $1,2,\cdots,n$ 号的顺序在 C 柱排列。

上面这个算法被称为"递归算法"，这种算法的思想类似于中学数学所学的递归数列，即寻找第 n 个变量（在这个例子中是金盘）和 n－1 个变量之间的关系，然后不断重复这种关系操作或者运算，以实现整个操作。递归算法具有很广泛的应用，比如求解阶乘和斐波那契数列等数学问题。

第 2 章 FORTRAN 语言基础

§2.1 字符集与关键字

2.1.1 字符集

字符集指的是编写计算机程序时,所能使用的所有字符和符号。FORTRAN 语言所能使用的字符集主要有:

①英文字母:大写字母 A-Z,小写字母:a-z。

注意:FORTRAN 90/95 语言不区分英文字母大小写,如 INTEGER,Integer 和 integer 都会被当成相同的命令,但是字符串中的字符区分大小写英文字母。

②数字:0-9。

③下划线:"_"。

④特殊字符:空格＝＋－＊/(),.':!"％＆;＜＞? ＄。

2.1.2 关键字

关键字,或者叫作保留字,是 FORTRAN 中用于描述语句语法成分或命名哑元名称的特定名称。FORTRAN 关键字分为语句关键字和变元关键字。

语句关键字是描述语句语法成分的特定名称,如语句"DO WHILE（n ＜ 100）"中的 DO 和 WHILE 是语句关键字。变元关键字是命名哑元名称的特定名称,如文件打开语句 OPEN 中的 UNIT,FILE,STATUS 等就是变元关键字。FORTRAN 对内部函数和过程都规定了变元关键字,在有关接口块中给出了具体规定,允许在调用时使用变元关键字。表 2-1 列举了 FORTRAN 语言的常用关键字。

表 2-1 FORTRAN 语言的常用关键字

ALLOCATABLE	ALLOCATE	ASSIGN	ASSIGNMENT	BLOCK DATA
CALL	CASE	CHARACTER	COMMOM	COMPLEX
CONTAINS	CONTINUE	CYCLE	DATA	DEALLOCATE
DEFAULT	DO	DOUBLE PRECISION	ELSE	ELSE IF
ELSEWHERE	END BLOCK DATA	END DO	END FUNCTION	END IF
END INTERFACE	END MODULE	END PROGRAM	END SELECT	END SUBROUTINE
END TYPE	END WHERE	ENTRY	EQUIVALENCE	EXIT

续表

EXTERNAL	FUNCTION	GO TO	IF	IMPLICIT
IN	INOUT	INTEGER	INTENT	INTERFACE
INTRINSIC	KIND	LEN	LOGICAL	MODULE
NAMELIST	NULLIFY	ONLY	OPERATOR	OPTIONAL
OUT	PARAMETER	PAUSE	POINTER	PRIVATE
PROGRAM	PUBLIC	REAL	RECURSIVE	RESULT
RETURN	SAVE	SELECT CASE	STOP	SUBROUTINE
TARGET	THEN	TYPE	USE	WHILE
WHERE	WHILE	BACKSPACE	CLOSE	ENDFILE
FORMAT	INQUIRE	OPEN	PRINT	READ
REWIND	WRITE			

在使用关键字时,要特别注意两点。

(1)关键字都有特定的含义,在描述中有具体位置和顺序的要求,改变位置或顺序将产生语法错误。如上面介绍的语句"DO WHILE (n < 100)",DO 必须出现在 WHILE 之前,如果写成"WHILE DO (n < 100)",程序将产生语法错误。

(2)FORTRAN 允许其关键字作为其他实体的名称(变量名、数组名、函数名、程序名等)。例如语句"PROGRAM PROGRAM"中第一个"PROGRAM"是关键字,第二个"PROGRAM"是实体名称。但是,规范的程序不提倡使用关键字作为实体名称,这样会导致程序可读性降低,引起不必要的麻烦。

§2.2　数据类型

计算机系统的处理对象是数据,离开了数据,计算机就失去了应有的价值。数据的数值、表示、类型具有重要意义。

数据类型是说明数据特性的重要形式,有以下 4 个特性。

(1)每个数据类型对应唯一的名称。基本数据类型名称需要预先说明,派生数据类型名称自定义说明。

(2)每个数据类型规定了取值范围。如 4 个字节的整型常量数据类型的取值范围是 $-2147483648 \sim 2147483647$。

(3)每个数据类型规定了其常量数据的表示方法,如整型常量数据类型表示为整型常量"123"。

(4)每个数据类型规定了一组可以进行的基本操作。如整型规定的操作有:加(＋)、减(－)、乘(＊)和除(/)操作。

FORTRAN 语言支持多种不同的数据类型,基本数据类型(整型、实型、复型、字符型和逻辑型)、派生(自定义)数据类型、数组类型、指针类型、公用区类型。

2.2.1　基本数据类型

基本数据类型包括 5 种,即整型、实型、复型、字符型和逻辑型,又可以分为两大类:数值型(整型、实型和复型)和非数值型(字符型和逻辑型)。

在程序中需要选择和使用符合精度和范围要求的数据类型。FORTRAN 基本数据类型具有参数化特性,通过 KIND 值参数确定数据的存储开销、精度和范围。表 2-2 给出了基本数据类型不同 KIND 值参数及存储开销。

表 2-2　基本数据类型 KIND 值参数及存储开销

类型	子类型	KIND 值	字节数	说明
整型	BYTE	1	1	
	INTEGER	1,2,4 或 8	1,2,4 或 8	初始缺省为 4
	INTEGER(n)	n	n	n 为 KIND 值,n=1,2,4,8
实型	REAL	4 或 8	4 或 8	初始缺省为 4
	REAL(n)	n	n	n 为 KIND 值,n=4,8
	DOUBLE PRECISION	8	8	
复型	COMPLEX	4 或 8	8 或 16	初始缺省为 4
	COMPLEX(n)	n	2 * n	n 为 KIND 值,n=4,8
	DOUBLE COMPLEX	8	16	
字符型	CHARACTER	1	1	初始缺省为 1。1 是 KIND 值
	CHARACTER(len)	1	len	len 为字符串长度,1 是 KIND 值
逻辑型	LOGICAL	1,2,4 或 8	1,2,4 或 8	初始缺省为 4
	LOGICAL(n)	n	n	n 为 KIND 值,n=1,2,4,8

2.2.2　派生数据类型

派生数据类型又称为自定义数据类型,它能够自由组合上述的基本数据类型,从而创造出一个新的、更复杂的类型组合。FORTRAN 语言用 type 语句对派生数据类型进行说明,其一般形式如下。

TYPE::派生类型名

各类型说明语句

END TYPE(派生类型名)

【例 2.1】利用派生数据类型定义并记录班级学生的个人信息和考试成绩。

```
type::student            ! 创建一个名字为 student 的派生数据类型
character(len=40) :: name ! 利用字符型数据记录学生姓名
character(len=10) :: number ! 利用字符型数据记录学生学号
integer :: age           ! 利用整型数据记录学生年龄
float :: score           ! 利用实型数据记录学生成绩
logical :: class         ! 利用逻辑性数据记录学生是否考试及格
end type student         ! 派生数据类型定义结束
```

§2.3　常量和变量

2.3.1　常量

常量是程序运行期间其值保持不变的量,如 123,12.3,(12.3,32.3),"Lanzhou",. TRUE. 等。

FORTRAN 有 5 种基本数据类型常量:整型常量、实型常量、复型常量、字符型常量和逻辑型常量。前 3 种常量称为数值型常量,又称为常数,可进行数值运算,第 4 种常量称为字符串,可进行相应的字符串处理,第 5 种常量称为逻辑值,只能进行逻辑运算,FORTRAN 允许逻辑值在特殊情况下参与整型数据运算。此外,FORTRAN 语言还定义了一种特殊的符号常量。

(1)整型常量

整型常量又称整数。整型常量由 0 到 9 的数字组成,包括正数、负数和零,不允许有小数点和千位分隔符","。例如 10,0,−10,123 是整数。计算机一般用 4 个字节(32 位)存放,表示为十进制数为 $-2,147,483,648 \sim +2,147,483,647$,即 $-2^{31} \sim 2^{31}-1$ 。在一些特殊情况下,需要范围更大的整数时,使用特殊的参数 kind 进行说明。

(2)实型常量

实型常量又称实数,它有两种形式:

①小数形式

由数字 0 到 9 和一个小数点组成,包括正数、负数和零,例如 $10.0, 0.0, -10.0, 0.42, +.15, 0.$ 都是实数。FORTRAN 语言允许小数点"."前或后可以不出现数字,但不允许小数点前后都不出现数字,且小数点不可以少。此外,正号"+"可以省略,但是负号"−"不允许省略,这点与整数的规则一样。

②指数形式

实数的指数形式由数字部分和指数部分组成,符号 E 用来表示以 10 为底的指数,E 的左边是数字部分,可以是整型或实型常量,E 的右边是指数部分,只能是整型常量,E 前后的数字和指数部分必须同时出现,不允许省略。通常用来表示一个特别大或特别小的实数,例如 1.0×10^{15}, -2.8×10^{20} 等。在 FORTRAN 语言中,上面的数字写成指数形式分别是 1.0E15 和 $-$2.8E20。如 E15 这样的写法是错误的。

需要指出的是,小数形式和指数形式在计算机内存中的存放格式是相同的,即均以指数形式存放,由 3 个部分组成:符号位,指数(包括指数的符号),数字部分。以 32 位为例,其中第 1 位存储实数的符号,接下来的 7 位存储指数部分,剩下的 24 位存储数字部分,如图 2-1 所示。

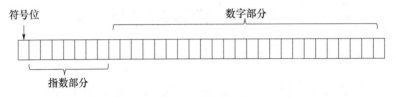

图 2-1　计算机内存中实数的存放格式示意图(以 32 位为例)

(3)复型常量

复型常量就是数学中的复数,由一个实部和一个虚部组成的数。用一对圆括号括起来的两个实数表示一个复数,如($-$1.0,1.0)表示的是复数 $-1.0+1.0$i,其中逗号前面的实数代表实部,逗号后面的实数代表虚部。

(4)字符型常量

字符型常量是用单引号或双引号封装的字符串,如't','T',"The file path is:"等都是字符型常量。需要指出的是,字符串内字母区分大小写,'t'和'T'是不同的字符常量。

此外,字符型常量中嵌套撇号(引号)时需特别注意:

"It's correct. "　　　　! 用双引号封装字符串时,可以在字符串中直接使用撇号。

'It''s correct. '　　　　! 用单引号封装字符串时,字符串中的撇号要用两个连续的撇号表示。

"It's ""correct"". "　　! 字符串自身包含双引号,如 correct 前原本有双引号,输入时,也需要用两个连续的双引号表示。

(5)逻辑型常量

逻辑型常量的值只有两个:

. TRUE.　　　　　"真",表示满足逻辑条件。

. FALSE.　　　　　"假",表示不满足逻辑条件。

需要说明的是,FORTRAN 标准没有规定逻辑值统一的内存表示方法,默认逻辑值占内存大小与整型常量相同,但是不同编译器在将逻辑值转化为整数时,结果可能不同。如 GNU 的 FORTRAN 编译器 gfortran 会将 . TRUE. 视为整数值 1,将

.FALSE. 视为整数值 0,而 PGI 的 pgf90 编译器则会将 .TRUE. 视为整数值 -1,因此,应尽量避免将逻辑型数据和数值型数据混用。

(6)符号常量

除了上述 5 种基本常量类型,FORTRAN 还定义了符号常量,用一个标识符表示程序中需要重复使用且不会改变值的常数,如圆周率π、重力加速度 g 和理想气体常数 R 等。

2.3.2　变量

变量是程序运行期间其值可以变化的量。变量包括整型变量、实型变量、复型变量、字符型变量和逻辑型变量 5 种类型。变量类型需要通过类型说明语句来说明,说明有显式说明和隐式说明两种形式。

以下几点为变量的重要规则:

①一个变量一次只能容纳一个值,如果另一个值被放置到该变量中,之前的值就会被删除。

②变量在程序中需要说明数据类型,内存会为其分配若干个连续的存储单元来存放变量的值,程序通过变量名访问变量所代表的存储单元。

③变量名在程序中必须唯一。变量名必须以字母开头,后面是字母、数字或下划线,长度不超过 31。

【例 2.2】以下是一些合法的变量名。

a

temperature

average_Jan

Rain95

【例 2.3】以下是一些非法的变量名。

12 month　　　　　　! 变量名不能以数字开头,必须以字母开头;

this_is_a_variable_name_with_too_many_characters_in_this_variable

　　　　　　　　　　! 变量名长度超过了 31;

test@lzu　　　　　　! 变量名包含了@特殊字符;

high_t!　　　　　　　! 变量名包含了! 特殊字符;

Jan 01　　　　　　　! 变量名包含了空格。

(1)整型变量

整型变量存储的是整数,只能进行整数四则运算,可以隐式说明。

整型变量显式说明的一般形式为:

INTEGER var

INTEGER（[KIND＝]n）var

通常 32 位系统下默认的整型变量长度为 4 个字节。

FORTRAN90/95 通过 KIND 属性来说明整型变量的字节长度，如：

INTEGER（KIND＝1）var　！长度为 1 个字节的整型变量，取值范围：
　　　　　　　　　　　　　　　　　－128～127；

INTEGER（KIND＝2）var　！长度为 2 个字节的整型变量，取值范围：
　　　　　　　　　　　　　　　　　－32768～32767

INTEGER（KIND＝4）var　！长度为 4 个字节的整型变量，取值范围：
　　　　　　　　　　　　　　　　　－2147483648～2147483647

INTEGER（KIND＝8）var　！长度为 8 个字节的整型变量，取值范围：
　　　　　　　　　　　　　　　　　－9223372036854775808～9223372036854775807

【例 2.4】以下是一些合法的整型变量说明语句。

INTEGER a

INTEGER（KIND＝1）a,b,c,ntemperature

INTEGER（1）a,b

INTEGER::a＝111　　　　　　　！符号::在说明中可有可无。若有，则可赋初值，
　　　　　　　　　　　　　　　　　否则不可赋初值。

在使用整型变量时，有以下两点需要特别注意：

①隐式说明

隐式说明，也称 I-N 规则。程序中，凡是变量名以字母 i,j,k,l,m,n（或 I,J,K,L,M,N）开头的变量被默认为整型变量，以其他字母开头的变量被默认为实型变量。

②赋值规则

整型变量赋值，需要注意表达式的运算结果，小数部分会被截断，即舍去小数部分的情况，如：I＝10/4，10/4 的结果原本是 2.5，但是，程序运行赋值后，变量 I 的值是 2。

（2）实型变量

实型变量存储的是实数，只能进行实数四则运算，可以隐式说明。

实型变量显式说明的一般形式为：

REAL var

REAL（[KIND＝]n）var

DOUBLE PRECISION var

实型 KIND 值可以取 4 或 8，缺省值是 4。KIND 值取 8 的实型变量是双精度变量。

REAL(KIND＝4) a　！长度为 4 的实型变量 a，取值范围：

$$\pm 1.17549435E-38 \sim \pm 3.40282347E+38$$

REAL(KIND=8) a 　!长度为 8 的实型变量 a,即双精度实型数,取值范围:
$\pm 2.2250738585072013E-38 \sim \pm 1.7976931348623158E$
$+38$

(3)复型变量

复型变量存储的是复数,只能进行复数四则运算,必须显式说明。

复型变量显式说明的一般形式为:

COMPLEX var

COMPLEX ([KIND=]n) var

DOUBLECOMPLEX var

复型 KIND 值可以取 4 或 8,缺省值是 4。KIND 值取 8 的复型变量是双精度变量。

(4)字符型变量

字符型变量存储的是字符型数据,它可以用来保存一个字符或一串字符组成的"字符串",只能进行字符串运算,必须显式说明。

字符型变量显式说明的一般形式为:

CHARACTER var

CHARACTER [([KIND=]n)] var

CHARACTER * n var

!n 是字符串长度。缺省时,字符串长度是 1。

CHARACTER * 5 a(10)　　　!说明一个有 10 个元素的字符串数组 a,每个元素的字节长度为 5。

(5)逻辑型变量

逻辑型变量存储的是逻辑值,只能进行逻辑运算,必须显式说明。

逻辑变量显式说明的一般形式为:

LOGICAL var

LOGICAL ([KIND=]n) var

逻辑型 KIND 值可以取 1,2,4 或 8,缺省值是 4。

(6)变量的说明和初始化

变量的使用,需要特别注意变量类型的说明和初始化。

①变量类型的说明

变量类型的说明,显式说明的优先级高于隐式说明。

虽然隐式说明的用法比较灵活,但是有时会出现意想不到的错误。

【例 2.5】程序运行出错举例。

program ex0205

```
    integer m,i
    m=2
    i=m/n
    print * ,i
end
```

上述程序运行后,会出现"段错误"。虽然程序说明分子 m 是整型变量,但没有说明分母 n 的类型,按照隐式说明 n 是整型变量。程序在编译阶段不会报错,但是在执行阶段,n 默认数据为 0,而分母是不能为 0 的,程序运行出错。

这类错误其实很难锁定程序的具体出错位置。试想对于一个上万行的大程序,如果出现了上述错误,将会对程序的调试和运行造成巨大的麻烦和隐患。

②变量的初始化

变量的值既可以通过程序执行时的赋值语句来完成,也可以直接在说明语句给定。

【例 2.6】赋值举例。

```
program ex0206
integer :: a=0                            ! 定义整型变量 a,并赋值
real :: b=-1.0                            ! 定义实型变量 b,并赋值
complex :: x=(1.0,2.0)                    ! 定义复型变量 x,并赋值
character(len=10) :: filename="0101.dat"
                                          ! 定义字符型变量 filename,并赋值
logical :: flag=.TRUE.                    ! 定义逻辑变量 flag,并赋值
print * , a, b, x, filename, flag
end
```

§2.4　表达式

在解决大多数科学问题的过程中,需要使用表达式来完成数值运算、逻辑运算和数据处理等工作。表达式是一个或多个运算的组合,由运算元素(指常量、变量、函数、数组元素)、运算符和括号组成。FORTRAN 语言有 4 种表达式,分别是算术表达式、关系表达式、逻辑表达式和字符表达式。

2.4.1　算术表达式

算术表达式是由算术量、算术运算符和括号组成的表达式,计算结果是算术量,即整数、实数或复数。算术运算符可以是+(加)、-(减)、*(乘)、/(除)和 ** (乘方)。括号的作用则是确定算术表达式运算的优先级。

(1)算数运算符的优先级和结合规则

算术表达式的优先级指的是,如果表达式中出现多个相同或不同的算术运算符,那么将按照运算符优先级和结合规则对表达式进行计算和求值。算术表达式优先级的主要规则是圆括号内表达式、乘方、乘法和除法、加法和减法依次优先。同一优先级的两个运算,需要按照规定的结合规则依次运算,其中乘方按"先右后左(右结合)",其他按"先左后右(左结合)"原则。

①乘方:当表达式有多个乘方运算符时,计算是"先右后左"。例如:

B ＊＊ C ＊＊ D

此时先计算 C 的 D 次幂,再将这个结果作为 B 的指数来进行计算,上式可更明确地表达为,

B ＊＊ (C ＊＊ D)

在实际运算中,由于指数表达式的"右结合"规则与乘除运算、加减运算的"左结合"规则不一致,这在复杂的程序中可能会产生混淆,因此,建议通过括号来明确指数运算的优先级。

②乘法和除法:在连续的乘法和除法中,"先左后右"依次计算,其运算符与一般数学运算公式等价,如有需要请使用括号来提高运算的优先级,例如:

B ＊ C / D ＊ E

计算顺序是将 B 乘以 C,然后将计算结果除以 D,再将计算结果乘以 E,得到运算结果。

③加法和减法:与乘法和除法一样,"先左后右"依次计算。

【例 2.7】以下是一些合法的算术表达式的例子。

(A ＊ X1)＋(B ＊ X2)＋(C ＊ X3)

(－T1＋((T1 ＊＊ 2－4 ＊ T2 ＊ T3)/2))/(2 ＊ T1)

sum_c/2 ＊ (sum_a ＊ sum_b/num_b) ＊＊ 2＋((sum_a ＊ sum_b) ＊＊ 2)/2

通过上述例子可以看出,使用括号是为了使算术表达式的计算顺序更加明确。

(2)类型转换

FORTRAN 语言允许不同数值类型的数据进行混合运算,这种表达式称为混合算术表达式。对于这类算数表达式,在计算过程中遵从以下 3 个准则:

①同类型的运算元素之间运算的结果仍保持原类型。

②两个不同类型运算元素,运算前先进行类型转换,转换为同一种数据类型后进行计算。转换顺序的高、低等级依次是复型、实型、整型,即将低级类型先转换成高级类型,再进行算术表达式运算。

③类型的转换时从左向右进行的,在遇到不同类型的操作数时才进行转换。

【例 2.8】算术运算中的类型转换。

```
program ex0208
implicit none
integer a,b
real c,d
a=7
b=2
c=4.
d=a/b*c                  ! a/b*c 是算术表达式
print * ,d
end
```

按照代数运算预期的计算结果是 14,程序运算输出结果是 12.0(实数)。因为算术表达式 a/b * c 按照优先级顺序计算时,先执行 a 除以 b,由于 a 和 b 都是整型数据,最后的运算结果也是整型,因此,a/b 的计算结果是 3,而不是 3.5,3 再乘以 c,由于 c 是实型数据,整数 3 将先"从低向高"转化为实型数据 3.0,再与 c 进行乘法运算,计算结果是一个实型数据 12.0。

2.4.2　关系表达式

关系表达式是由算术量、关系运算符和括号组成的表达式,是最简单的一种逻辑表达式,关系运算符都是双目运算符(见表 2-3),计算结果是逻辑常量 . TRUE. 或 . FALSE. 。算术量可以是常量、变量,也可以是算术表达式,但复型表达式只能作为 . EQ. 和 . NE. 的运算元素。

关系表达式的一般形式如下。

<算术量><关系运算符><算术量>

表 2-3　关系运算符

关系运算符		功能描述	示例(x=10,y=5)
字母表示法 (大小写均可)	符号表示法		
. EQ.	==	判断左右操作数的值是否相等,如果相等则输出结果为真,反之为假	(x. EQ. y)结果为 . FALSE.
. NE.	/=	判断左右操作数的值是否不相等,如果不相等则输出结果为真,反之为假。	(x. NE. y)结果为 . TRUE.
. LT.	<	判断左操作数的值是否小于右操作数,如果是则输出结果为真,反之为假。	(x. LT. y)结果为 . FALSE.

续表

关系运算符		功能描述	示例(x＝10,y＝5)
字母表示法（大小写均可）	符号表示法		
. LE.	＜＝	判断左操作数的值是否小于或等于右操作数，如果是则输出结果为真,反之为假。	(x. LE. y)结果为 . FALSE.
. GT.	＞	判断左操作数的值是否大于右操作数,如果是则输出结果为真,反之为假。	(x. GT. y)结果为 . TRUE.
. GE.	＞＝	判断左操作数的值是否大于或等于右操作数,如果是则输出结果为真,反之为假。	(x. GE. y)结果为 . TRUE.

使用关系表达式时需要注意以下几点。

①如果关系运算符左右两边均是算术表达式时,先进行算术运算,再做关系运算。若进行关系运算前类型不一致,需要转换成同一类型。

②对字符表达式进行关系运算时,依次比较两字符串相应位置字符的 ASCII 码值大小。

③使用实数进行关系运算时,由于实数的存储和运算存在着一些微小的误差,使用 . EQ. 和 . NE. 关系运算符时,两个理论上相等的量,关系运算结果却可能不相等。

2. 4. 3　逻辑表达式

逻辑表达式是由逻辑量、逻辑运算符(见表 2-4)和括号组成的表达式(见表 2-5),逻辑量包括逻辑常量、逻辑型变量和关系表达式,逻辑表达式的值是一个逻辑常量,即 . TRUE. 或 . FALSE. 。

逻辑表达式的一般形式如下。

＜逻辑量＞＜逻辑运算符＞＜逻辑量＞

表 2-4　逻辑运算符

逻辑运算符	运算符优先级	定义	功能描述
. NOT.	1	逻辑非	. NOT. x,如果 x 为真,则结果为假,反之为真。
. AND.	2	逻辑与	x. AND. y,如果 x 和 y 均为真,则结果为真,反之为假。
. OR.	3	逻辑或	x. OR. y,如果 x 和 y 任一为真,则结果为真。
. EQV.	4	逻辑等于	x. EQV. y,如果 x 和 y 相同(均为真或均为假),则结果为真。
. NEQV.	4	逻辑不等	x. NEQV. y,如果 x 和 y 中有一个为真,另一个为假,则结果为真。

表 2-5　逻辑表达式运算及结果

逻辑变量		逻辑非	逻辑与	逻辑或	逻辑等于	逻辑不等
x	y	. NOT. x	x. AND. y	x. OR. y	x. EQV. y	x. NEQV. y
. TRUE.	. TRUE.	. FALSE.	. TRUE.	. TRUE.	. TRUE.	. FALSE.
. FALSE.	. FALSE.	. TRUE.	. FALSE.	. FALSE.	. TRUE.	. FALSE.
. TRUE.	. FALSE.	. FALSE.	. FALSE.	. TRUE.	. FALSE.	. TRUE.
. FALSE.	. TRUE.	. TRUE.	. FALSE.	. TRUE.	. FALSE.	. TRUE.

逻辑表达式的优先级和结合规则：

①如果表达式中出现多个逻辑运算符时，按照表 2-4 中第 2 列的逻辑运算符优先级从小到大依次对逻辑表达式进行运算。

例如 x. EQV. y. AND. NOT. z 将先对 z 作逻辑非运算，再判断 y 和 . NOT. z 逻辑与的结果，最后才是判断 x 与 y. AND. NOT. z 结果进行逻辑等于的运算。

②如果出现了多种混合表达式时，则运算顺序依次为算术表达式、关系表达式、逻辑表达式。

例如：$2/x*4 < y**2 + 1$. OR. $x + 2*y >= x*y**2$

上面的混合表达式通过添加括号来表明其运算顺序，则是：

$(((2/x)*4) < ((y**2) + 1))$. OR. $((x + (2*y)) >= (x*(y**2)))$。

③除了 . NOT. 是右结合规则外，其余 4 种逻辑运算符都是左结合规则。

2.4.4　字符表达式

字符表达式是由字符运算符，即字符连接符"//"将两个字符型数据连接起来的表达式，字符表达式的值是字符型常量。

"//"可以将两个字符变量连接起来，形成第 3 个字符串，常常可以用来批量构造读取的文件名。

【例 2.9】用字符运算符连接 str1 和 str2。

```
program ex0209
character(4)::str1
character(3)::str2
character(7)::str3
str1＝'file'
str2＝'001'
```

```
str3＝str1//str2            ！str1//str2 是字符表达式
print * ,str3
end
```

输出结果：

file001

第3章 顺序结构程序设计

FORTRAN 语言是一种典型的面向过程的计算机语言,需要一步一步地按顺序执行计算任务。一般而言,一个 FORTRAN 程序是由一个或者多个程序单元组成,其中主程序单元不可或缺。程序单元是由若干数据和对数据进行相关操作的语句构成的,程序单元结构示意图见图 3-1。

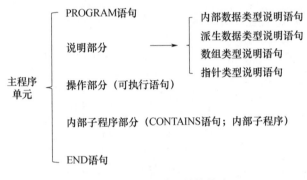

图 3-1 主程序单元结构描述

FORTRAN 语句包括执行语句和非执行语句。执行语句指的是计算机在运行过程中产生某些操作,如赋值语句给变量赋值,输出语句可以将程序运行结果输出到屏幕或文件。非执行语句主要用来将有关信息通知编译系统,使其产生相应的操作,如类型说明语句可以告诉计算机为变量分配相应的存储单元,FORMAT 语句可以说明输入输出的具体格式。一些语句有特定的要求:END 语句在程序单元中必须出现,且一个程序单元只能有一个 END 语句。

§3.1 赋值语句

赋值语句是将一个确定的值赋给一个变量。FORTRAN 语言的赋值语句有 3 类:算术赋值语句、逻辑赋值语句和字符赋值语句。

赋值语句的一般形式为:

变量＝算术表达式/逻辑表达式/字符表达式

注意:赋值语句中"＝"不是数学中的等号,而是"赋值"的符号。赋值的过程是先计算赋值号右端表达式的值,然后再将该表达式的计算结果传递给赋值号左边的变量。FORTRAN 语言中求值计算主要是用赋值语句实现的。

3.1.1　算术赋值语句

算术赋值语句中变量类型和表达式类型都是数值类型,即"="左边的变量和右边的表达式都是数值型数据。

"="左右两边的数据类型可以相同,也可以不相同,具体按如下规则操作:

(1)如果"="两边数据类型相同,则直接进行赋值。

【例 3.1】算术赋值语句变量类型和表达式类型相同时的运算示例。

```
program ex0301
integer I              ! 说明 I 为整型变量
I=2                    ! 给整型变量 I 赋以整数 2
print * ,I
end
```

输出结果:

　　2

(2)如果"="两边的数据类型不相同,则先将右端的表达式的数值类型转化成左边被赋值变量的数据类型,然后再进行赋值。

【例 3.2】算术赋值语句变量类型和表达式类型不相同时的运算示例。

```
program ex0302
implicit none
integer n
n=2.4+3.6/2
print * ,n
end
```

输出结果:

　　4

程序中,"="右边是一个混合算术表达式。先根据转换规则,将表达式优先级较低的整型数据转换为实型数据进行运算,混合表达式的计算结果是 4.2,由于"="左边的变量 n 是整型变量,混合表达式的计算结果需要取整,转换为整型数据类型,程序运行结果是 4。

3.1.2　逻辑赋值语句

逻辑赋值语句中变量类型和表达式类型都是逻辑型,即"="左边的变量和右边的表达式都是逻辑型数据。

implicit none

```
logical flag                    ! 说明逻辑型变量 flag
flag=. TRUE.
flag=i>1. AND. i<=50
```

上述程序段中的第 3、4 句都是合法的逻辑赋值语句,其中第 3 句用逻辑常量给 flag 进行赋值,而第 4 句是用条件表达式(其计算结果也是逻辑常量)对 flag 进行赋值。

3.1.3　字符赋值语句

字符赋值语句中变量类型和表达式类型都是字符型,即“=”左边的变量和右边的表达式都是字符型数据。

“=”左右两边变量和表达式的长度定义可以相同,也可以不相同,具体按如下规则操作:

(1)如果“=”两边变量和表达式长度相同,则直接进行赋值。

【例 3.3】字符赋值语句变量定义的长度和表达式计算结果的长度相同时的运算示例。

```
program ex0303
character * 8   I              ! 说明 I 为字符型变量
I="computer"
print * ,I
end
```

输出结果:

```
    computer
```

(2)如果“=”两边变量和表达式长度不相同,分两种情况处理:变量的长度大于表达式的长度,表达式运算后的长度转换为变量的长度,不足部分补空格,然后将字符串赋值给变量;变量的长度小于表达式的长度,表达式运算后的长度转换为变量的长度,表达式运算得到的字符串左端部分赋值于变量,多余部分截去。

【例 3.4】字符赋值语句变量定义的长度和表达式计算结果的长度不相同时的运算示例。

```
program ex0304
character * 4   st1,st2
character * 15   st3,st4
st1="this"
st2="is"//" a"
st3=st1//st2
```

st4＝"thisisa"//"computer"

print ＊,st1

print ＊,st2

print ＊,st3

print ＊,st4

end

输出结果：

this

isa

thisisa

thisisacomputer

【例 3.5】字符赋值语句变量定义的长度小于表达式计算结果的长度时的运算示例。

program ex0305

implicit none

character(4)∷str1

character(5)∷str2

character(7)∷str3

str1＝'file'

str2＝'00123'

str3＝str1//str2

print ＊,str3

end

输出结果：

file001

如果连接之后的字符串长度大于被赋值的字符变量的字符串长度时,程序将自动截去多余字符。

§3.2　PARAMETER 语句(参数语句)

常量中,定义了符号常量,专门用来存储程序中多次被使用到的常量,如圆周率π、重力加速度 g 等。

符号常量需要通过 PARAMETER 语句进行说明。PARAMETER 语句的一般形式为:

PARAMETER(变量名 1＝常量 1/表达式 1,变量名 2＝常量 2/表达式 2)

其中,表达式可以为算术表达式、逻辑表达式或字符表达式。

【例 3.6】用 parameter 语句定义符号常量。

```
program ex0306
implicit none
real g,rlat
parameter(g=9.8,rlat=3.1415926/180.)
print * , g,rlat
end
```

程序中的 parameter 语句就是专门用来定义符号常量的说明语句,用实型常量为 g 赋值,用算术表达式为 rlat 赋值。后面的程序中不能再给变量 g 和 rlat 再次赋值,否则,程序编译时会出现错误信息。

PARAMETER 语句是非执行语句,应写在所有执行语句之前。

§3.3　STOP 语句,PAUSE 语句

3.3.1　STOP 语句

STOP 语句是程序停止运行语句。

当程序并未按照算法预期的规则运算时,造成程序可能出现错误,在这种情况下,可以使用 STOP 语句随时停止程序运行。STOP 语句可在主程序单元、模块单元和外部子程序单元中使用。

STOP 语句的一般形式为:

STOP［整数/字符串］

STOP 后面可以为空,也可以有一个整数(整数不能超过 5 位数)或字符串,执行 STOP 语句时输出整数或字符串,提示程序运行中可能出现错误或程序停止所在的行数。通常而言,程序员会在 STOP 语句的前一条语句通过输出字符串更加详细地指出程序出错的原因。

3.3.2　PAUSE 语句

PAUSE 语句是暂停程序运行语句。

PAUSE 允许在暂停运行期间执行操作系统命令,按 Enter 键后程序继续运行。PAUSE 语句的一个重要作用是作为程序中的一个"断点",程序员可以根据需要在程序中添加多个 PAUSE 语句,根据需要将程序分成片段进行运行,便于调试程序。当程序调试成功后,程序员会将 PAUSE 语句删除,以保证程序的正常运行。

PAUSE 语句的一般形式为:

PAUSE[整数/字符串]

§3.4　输入输出语句与格式编辑符

使用 FORTRAN 程序的目的是进行科学计算或处理科学问题,程序需要的数据必须输入程序,程序计算的结果必须及时输出。数据的输入输出是要告诉计算机 3 个信息:输入输出哪些数据、输入输出何种格式、输入输出何种设备。

3.4.1　表控输入语句(READ 语句)

通过赋值语句可以改变变量中存储的数据,但是,每次改变,都必须修改程序中赋值语句赋值号右端的常量或表达式来实现。修改完语句后,还需要重新编译程序才能生效,这样很不方便。

为了简化这种操作,FORTRAN 语言可以使用输入语句 READ。

表控输入语句的一般形式为:

READ(＊ , ＊)输入列表

其中,第一个 ＊ 指出"输入设备",表示系统隐含指定的输入设备,默认是键盘;第二个 ＊ 指出"输入格式",表示系统隐含指定的输入格式;输入列表指需要输入的变量列表,变量之间用逗号分隔。

用一个 READ 语句可以给多个变量赋值。

例如:integer a, b

　　　read(＊ , ＊)a, b

上面的程序段,可以输入两个整型数值赋值给变量 a 和 b。由于输入使用的是自由格式,所以需要两个数字。这些数字可以在同一行,中间有一个或多个空格,或在不同的行上,或用逗号间隔,如:

1 2↙

1↙
2↙

1,2↙

上面三种输入方式都是正确的(注:↙表示键盘上的回车符)。

应保证从输入设备上输入数据的个数与 READ 语句输入表中变量的个数相同,各数据类型与相应变量的类型一致。

在向字符型变量读入字符串时,需要特别注意待输入的字符串中不能有空格,因为,空格是两个数据间的分隔符。

【例 3.7】 用 READ 语句输入数据。

```
program ex0307
character(len=20)str
read( * , * )str
print * ,str
end
```

运行程序,从键盘输入字符串"Atmospheric Sciences"。虽然,字符串长度刚好为 20,但是,实际给变量只赋值"Atmospheric"。因为程序将两个单词之间的空格当作分隔符处理。

3.4.2 表控输出语句(WRITE 和 PRINT 语句)

FORTRAN 语言可以使用输出语句 WRITE。

表控输出语句的一般形式为:

WRITE(* , *)输出列表

PRINT * ,输出列表

WRITE 语句中第一个 * 指出"输出设备",表示系统隐含指定的输出设备,默认是显示器或打印机;第二个 * 指出"输出格式",表示系统隐含指定的输出格式;输出列表由表达式组成,且至少有一个表达式,表达式可以是常量、常数、变量、函数或多个不同类型表达式,不同输出项之间用逗号分隔。PRINT 语句只能以系统隐含指定的输出设备输出, * 指输出格式。

【例 3.8】 输出数据示例。

```
program ex0308
implicit none
real::a=1.2
integer::b=2
write( * , * )a,b
print * ,"This is a test code. "
end
```

输出结果:

```
1.200000     2
This is a test code.
```

3.4.3 有格式输入、输出语句

有格式输入、输出,FORTRAN 语言可以使用格式说明语句实现。格式说明语

句的一般形式为：

　　<语句标号>FORMAT<格式列表>

　　格式输入语句的一般形式为：

　　　　READ(＊,<语句标号>)输入列表

　　<语句标号>FORMAT<格式列表>

　　格式输出语句的一般形式为：

　　　　WRITE(＊,<语句标号>)输出列表

　　<语句标号>FORMAT<格式列表>

【例 3.9】格式输入输出示例。

……

read(＊,100)x

write(＊,100)x

100 format(A5)

……

　　输入/输出格式的设置是通过编辑符来确定的。格式说明主要分为两个部分：第一个部分代表变量的类型，例如字符型 A、科学计数法的指数型 ES 或 E、实数型 F、整型 I、逻辑型 L，而 G 可以用于多种变量类型。特别注意：如果编辑符和变量类型不匹配，会报错或者输出错误的值。第二部分说明编辑符的重复次数、水平位置、域宽等信息，见表 3-1。

表 3-1　基本格式说明

符号	用途
c	一行中第 c 个字节的位置，和水平定位 T 联用
d	用于实型和指数型，输入或输出的小数位数
e	用于指数型，设置指数部分占宽
m	用于整型，至少输出的位数
n	插入空格的数目
r	重度使用编辑符的次数，表示紧邻 r 个变量使用同样的编辑符
w	域宽，输入输出占用的列数

3.4.4　格式编辑符

（1）整型编辑符 I

　　I 编辑符用于整型数据的输入输出。一般格式是[r]Iw[.m]，r 是重复使用编辑符的次数，w 是域宽，m 是至少应输出的位数，当变量位数小于 m 时，左侧用 0 补齐，

[]代表可以缺省。

有格式输出时,当整数的长度大于域宽时,输出会用 * 替代。当小于域宽时,输出会右对齐,左边补足空格。在 FORTRAN95 中,w 可以设为 0,I0 代表可以输出任意长度的整数。

(2)实型编辑符 F

F 编辑符用于实型数据的小数形式输入输出。一般格式为[r]Fw.d,r 是重复使用编辑符的次数,w 是域宽,d 是小数位数。

有格式输入时,F 编辑符默认情况下会自动舍去域宽内的空格,输入的数可以出现在域宽内的任何位置,而空格只适用于占位,而不会被读入。但是实数部分的小数点最好不要舍去,以免出现意外。

有格式输出时,输出会右对齐。当变量的小数位数大于 d 时,小数位数会四舍五入;而小数位数小于 d 时,最右侧补 0 到 d 位。如果数据超出域宽,输出则会用 * 替代。需要注意的是,如果对应的变量列表的变量是整型或者其他类型,输出将会得到不正确的值甚至报错。

复型数据的格式输入输出,对应连续两个实型的编辑符,分别对应复数的实部和虚部。在表控格式中,复型的输出默认会有括号。但是在有格式输出中,复型的输出首尾没有括号。

【例 3. 10】F 编辑符的输出示例。

```
program ex0310
write( * ,'(f3.0,1x,f3.2,1x,f2.1,1x,f2.1)')1.99,0.11,0.1,1.0
end
```

输出结果:

□2.□.11□.1□ * *

(注:□表示空格,下同)。

【例 3. 11】F 编辑符的输出示例。

```
program ex0311
write( * ,'(f6.4,1x,f7.3)') 2.1,3.14159
end
```

输出结果:

2.1000□□□3.142

【例 3. 12】F 编辑符的输出示例。

```
program ex0312
write( * ,'(f5.2,1x,f5.1,1x,f4.2,1x,f4.1,1x,f3.1,1x,f3.0)') －0.99,－
0.99,－0.99,－0.99,－0.99,－0.99
```

end

输出结果

－0.99□□－1.0□－.99□－1.0□＊＊＊□－1.

【例 3.13】F 编辑符的输入、输出示例。

```
program ex0313
real a
read( * ,'(f10.3)') a
write( * ,'(f10.3)') a
end
```

输入：

123400000

输出结果：

123400.000

注意上面的例子中,由于输入没有小数点,得到的结果不是预期的结果。在这种情况下,在程序内部会将该整数右边 d 位作为小数位,即 123400.000。编程过程中,应避免这种情况的出现。

【例 3.14】F 编辑符的输入、输出示例。

```
program ex0314
real a
read( * ,'(f10.3)') a
write( * ,'(f10.3)') a
end
```

输入：

12.3□456789

输出结果：

□□□□12.346

【例 3.15】复型数据的格式输出示例。

```
program ex0315
write( * , * )(1,2)
end
```

输出结果：

(1.000000,2.000000)

【例 3.16】复型数据的格式输出示例。

```
program ex0316
```

```
write( * ,'(f4.1,f4.1)') (1,2)
end
```

输出结果：

1.0 2.0

(3)实型编辑符 E,ES

E 编辑符用于实型数据的指数形式输入输出。一般形式为[r]Ew.d[Ee],r 是重复使用编辑符的次数,w 是域宽,d 是小数位数,e 是指数位数。

ES 编辑符用于实型数据的科学计数法输入输出,一般形式为[r]ESw.d[Ee],r 是重复使用编辑符的次数,w 是域宽,d 是小数位数,e 是指数位数。

有格式输入时,E 编辑符与 F 编辑符功能相同。

有格式输出时,指数部分即使是正数也会输出＋符号。w 和 d 推荐满足 w>=d+7,因为实数至少占两个域宽,这样可以尽可能避免数据超出域宽,但这不是强制的。如果数据超出域宽,输出会用 * 替代。

【**例 3.17**】E 编辑符输出示例。

```
program ex0317
write( * ,'(e11.5e3,1x,e12.5e3,1x,es12.5e3)') 123456. ,123456. ,123456.
end
```

输出结果：

.12346E＋006□0.12346E＋006□1.23456E＋005

【**例 3.18**】E、ES 编辑符输出示例。

```
program ex0318
write( * ,'(e8.2,1x,e7.2,1x,es10.2,1x,es10.4)') 3141592.65,3141592.65,
3141592.65,3141592.65
end
```

输出结果：

0.31E＋07□.31E＋07□□□3.14E＋06□3.1416E＋06

【**例 3.19**】E 编辑符输入、输出示例。

```
program ex0319
real a
read( * ,'(e10.6)') a
write( * ,'(e11.6)') a
end
```

输入：

1234E5

输出：

.123400E＋03

在上面的例子中,输入数据没有小数,在这种情况下,程序内部会进行转换,强制小数部分为 d 位。例如这里 1234E5 使用 E10.6 格式,整数数字部分(1234)将会被计算机误认为 0.001234,从而输出(1234 * E-6) * E5＝123.4,与输入数字不符,出现错误。因此,编程时,应避免这种情况的出现。

(4)字符型编辑符 A

A 编辑符用于字符串输入输出。一般形式为[r]A[w],r 是重复使用编辑符的次数,w 是域宽。

有格式输出,字符串长度大于域宽 w 时,只会显示前 w 个字符,剩下的将被省略。一般情况下,10A1 和 A10 是不相同的,前者会输出 10 个字符串各自的第 1 个字符,而后者会输出第一个字符串的前 10 个字符。

【例 3.20】A 编辑符输出示例。

```
program ex0320
character(7) s
s＝'aaaaaaa'
write( * ,'(a5)') s
end
```

输出结果：

aaaaa

【例 3.21】A 编辑符输入、输出示例。

```
program ex0321
character(7) s
read( * ,'(a7)') s
write( × ,'(a7,i1)') s,0
end
```

输入：

a□b□c

输出结果：

a□b□c□□0

在该例子中,由于字符串变量 s 的长度为 7,但是输入的字符串'a□b□c'长度只有 5,因此,输出的字符串'a□b□c'左对齐并在后面补齐 2 个空格。

【例 3.22】A 编辑符输出示例。

```
program ex0322
```

```
write( * ,'(2a4)') 'a','efg'
end
```

输出结果：

□□□a□efg

在该例子中,输出的字符串'a'和'efg'长度分别是 1 和 3,但是格式编辑符要求输出的长度都是 4,两个字符串长度不够,则计算机会让输入的字符串右对齐,然后在左边补齐空格。

(5)逻辑型编辑符 L

L 编辑符用于逻辑型数据的输入输出。一般形式为[r]Lw,r 是重复使用编辑符的次数,w 是域宽。

输出时,输出为 T 或者 F。L0 这样的格式应避免使用,程序会报错。

输出时,域宽内除空格外以 . T、T、t 开头的字符都会识别为 True,而以 . F、F、f 开头的字符都会识别为 False,其他输入会报错。

【例 3. 23】L 编辑符输出示例。

```
program ex0323
write( * ,'(l3,2x,l1)') . true. ,. false.
end
```

输出结果：

□□T□□F

(6)水平定位编辑符 X,T,TL,TR

X 编辑符用于输入输出时数据之间插入空格。一般形式为 nX,n 是插入空格的数目,注意这里 n 不可不要,如果只需要一个空格,则 X 前面也应该写 1,即 1X。

T,TL,TR 编辑符用于确定输入输出下一个数据的位置。一般形式为 Tn,TLn,TRn,n 是空格的数目。

Tn 指下一个数据从第 n 列开始输入、输出。

TLn 指下一个数据从当前位置向左移动 n 列。

TRn 指下一个数据从当前位置向右移动 n 列。

【例 3. 24】X 编辑符输入、输出示例。

```
program ex0324
integer i
read( * ,'(5x,i4)') i
write( * , * ) i
end
```

输入：

1234567890

输出结果：

□□□□□□□□□6789

【例 3. 25】T 编辑符输出示例。

```
program ex0325
write( * ,'(t5,a6,t5,i3)') "abcdefg",123
end
```

输出结果：

□□□□123def

上面的例子中，第一次从第五列开始输出 abcdef，第二次依然从第五列输出 123，并将 abc 覆盖掉。

(7)/编辑符

/(斜杠)编辑符用于数据输入输出时终止本记录，开始下一条记录。可以连续使用多个/(斜杠)编辑符，连续两个 // 表示跳过一个空行，连续三个/// 表示跳过两个空行，以此类推。

【例 3. 26】/(斜杠)编辑符输入、输出示例。

```
program ex0326
integer i
character(5) s
read( * ,'(i5//a5)') i,s
write( * ,'(i5,/,a5)') i,s
end
```

输入：

123↙

↙

abc

输出结果：

□□123

abc

(8)结合行号和 FORMAT 语句

将编辑符放在 FORMAT 语句里面，可以减少代码的冗余性。在这种情况下，还可以在变量之间设置固定的文字，使得输出更加灵活。

【例 3. 27】格式输出示例。

```
program ex0327
```

```
write( * ,90) 50
90 format('a=',i2)
end
```

输出结果：

a=50

§3.5　库函数

库函数又称内部函数，FORTRAN 把一些最常用的函数，如三角函数、对数函数、指数函数等数学函数，字符串操作函数，事先编写成程序，保存在函数库中，供使用者在程序中直接调用。使用库函数可方便求解许多实际问题。库函数的结果既可以直接赋值给变量和数组元素，也可以在表达式中使用，如同使用常量和变量一样。附录给出了常用的 FORTRAN 库函数。

库函数调用的一般形式如下：

变量名＝库函数名(参数列表)

需要注意以下两点说明：

①库函数名指 FORTRAN 提供的内置函数名，自定义函数名应避免和库函数名重复。

②参数可以是符合库函数虚参类型要求的常量、变量或表达式，可以有 0 个、1个或多个参数，它们之间用逗号间隔，相对次序不能交换。

第4章　选择结构程序设计

前面的章节介绍了 FORTRAN 程序语言的顺序结构设计,它是一种自上而下的设计思路,体现了 FORTRAN 面向过程的设计思路。但是,在实际生活中,往往不能对所有任务按部就班地往下进行,而是需要根据实际情况,按照不同前提条件执行后面不同的方案。例如,任课老师需要根据学生的考试成绩对学生进行等级评定,其划分标准为小于 60 分的学生评定为"不合格",分数在 60~80 分之间的评定为"合格",分数在 80~90 分之间的评定为"良好",而分数在 90 分以上的学生定为"优秀"。这种问题可以被称为选择结构程序设计问题,它需要根据不同的条件来选择不同的执行方案。它可以根据以下逻辑流程图进行(图 4-1)。

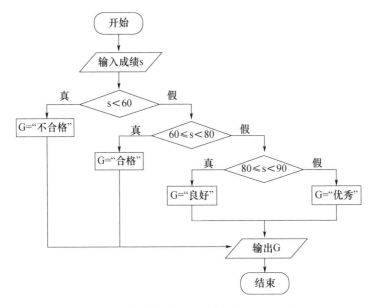

图 4-1　学生成绩等级判定的逻辑流程图

选择结构主要通过逻辑判断语句来实现,而逻辑判断语句是计算机编程语言中最重要的功能语句之一,通过它可以实现许多"真"与"假"的判断问题以及后续不同的执行语句功能。事实上,选择结构程序设计问题不仅包括"真"与"假"的命题判断,也包括分类型问题,即上面按照学生成绩划分学生等级这样的实际问题。在气象科学中,也存在着许多的选择结构程序设计问题,诸如判断一个自动站数据是否符合质量控制标准,然后按照"合格"和"不合格"分类输出;也有类似判断降水量和风的等级之类的分类型问题。因此,为了解决这些实际问题,FORTRAN 语言提供了相应的逻辑判断语句,称之为 IF 语句。IF 语句通常分为逻辑 IF 语句、块 IF 语句、嵌套型的块 IF 语句和 CASE 语句。在气象科学中,最常用到的是块 IF 语句以及以它为基础的嵌套型块 IF 语句。

§4.1　块 IF 语句

在计算机语言中,实现逻辑判断的 N-S 算法流程图如图 4-2 所示。

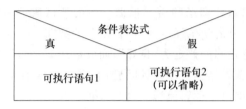

图 4-2　实现逻辑判断的 N-S 流程图

<语法结构——块 IF 语句>

```
IF(条件表达式)THEN          IF(条件表达式)THEN
    可执行语句 1                可执行语句 1
ELSE                       END IF
    可执行语句 2
END IF
```

➤ 一些注意事项如下。

(1)条件表达式中的关系运算符两侧各有一个句点,切勿遗漏。如 s.GT.60 以及 s.GE.60.and.s.LT.80。

(2)在一个条件表达式中可能包括算术运算符和关系运算符,在这种情况下先进行算术运算,再进行关系运算,如 i+j.NE.m+n 等价于(i+j).NE.(m+n)。为了书写上更加规范,建议在算术运算符外加括号。

(3)不同类型的常变量比较时,按照低级向高级转化的规律,如 a.GT.3,a 为默认的实型变量,则将自动将整型常量 3 变为 3.0。

(4)条件表达式的值一定是逻辑常量"真"或"假",而不是一个数值。

(5)判断实数是否相等,由于计算机存储误差的存在,用 .EQ. 和 .NE. 逻辑判断符需特别小心,建议尽量使用 abs(a-3.0).LT.1e-4 这样的绝对误差小于一定阈值的方式来表达。

【例 4.1】任课教师需要将班级学生考试成绩输入系统,然后系统判断学生成绩是否大于 60 分,以此评定学生成绩为"合格"还是"不合格"进行输出。

N-S 流程图如图 4-3 所示。

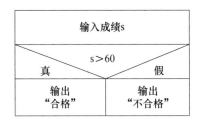

图 4-3 判定学生成绩是否合格的流程图

程序代码：

```
program ex0401
integer s
write( * , * )'Please input student score:'
read * , s
if(s. GT. 60)then
write( * , * )'合格'
else
write( * , * )'不合格'
end if
end
```

【例 4.2】在现实生活中,也常常能遇到"非 A 即 B"的逻辑判断问题,例如交通信号灯为绿灯时,表示车辆可以通过路口,而信号灯为红灯时,车辆不能通过路口。如果将红绿灯信号用二进制数 0 和 1 表示:当数值为 1 时,信号灯为绿灯,车辆可以通过路口,否则车辆需在路口外停车等待。

N-S 流程如图 4-4 所示。

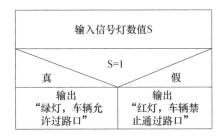

图 4-4 判定车辆是否允许通过路口的流程图

程序代码：

```
program ex0402
integer S
write( * , * )'请输入交通信号灯数值 S='
read * , S
if(S. EQ. 1)then
write( * , * )'绿灯,车辆允许通过路口'
else
write( * , * )'红灯,车辆禁止通过路口'
end if
end
```

【例 4.3】将 a,b 按照从小到大排序,并输出排序后的结果。

N-S 流程如图 4-5 所示。

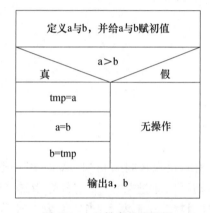

图 4-5 a、b 排序的流程图

程序代码:

```
program ex0403
real a,b,tmp
write( * , * )'请输入 a,b'
read * , a,b
write( * , * )'排序前:a=', a,'b=', b
if(a. GT. b)then
tmp=a
a=b
b=tmp
```

```
end if
write( * , * )'排序后:a=', a,'b=', b
end
```

【例 4.4】在气象中,当 24 小时累计降水量超过 250 mm 时,被定义为特大暴雨。现输入某一降水量 r,判断是否为特大暴雨。

N-S 流程如图 4-6 所示。

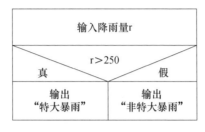

图 4-6　判定是否特大暴雨的流程图

程序代码:

```
program ex0404
real r
write( * , * )'Please input rainfall:'
read * , r
if(r>250)then
write( * , * )'特大暴雨'
else
write( * , * )'非特大暴雨'
end if
end
```

在处理气象数据的时候,常常需要用到块 IF 语句来判别某个数值是否属于正常数据范围,是否是缺省值,或者对于不同的数值范围执行不同的算法操作。

【例 4.5】在气象数据里常常会遇到一些数据是缺省值(如-999),不会被程序执行运算。现在读入一个温度数据 T,需要判断这个数据是否是缺省值-999。

N-S 流程如图 4-7 所示。

程序代码:

```
program ex0405
real T
write( * , * )'Please input temperature T='
```

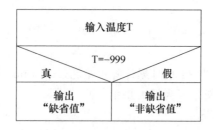

图 4-7　判定数据是否是缺省值－999 的流程图

```
read * , T
if(T. EQ. －999.0)then
write( * , * )'缺省值'
else
write( * , * )'非缺省值'
end if
end
```

块 IF 语句还可以用来判断气象中出现的各类现象或极端事件,广泛用于气象预警和环境预报。

【例 4.6】平流层爆发性增温指的是极地平流层中几天之内温度突然升高 40～50 ℃的现象。根据世界气象组织的规定,判定北半球平流层强爆发性增温需要两个条件:在 10 hPa 高度或 10 hPa 高度以下的平流层内,60°N 以北区域的纬向平均温度的经向梯度 Ty 出现正值;极区纬向风 U 变为东风,即 U 小于 0。

N-S 流程如图 4-8 所示。

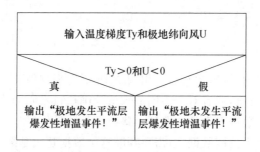

图 4-8　判定是否平流层爆发性增温的流程图

程序代码:
```
program ex0406
real Ty, U
```

write(* , *)'请输入温度梯度 Ty=',Ty,'和极地纬向风 U=',U

read * , Ty, U

if(Ty. GT. 0. and. U. LT. 0)then

write(* , *)'极地发生平流层爆发性增温事件！'

else

write(* , *)'极地未发生平流层爆发性增温事件！'

end if

end

【例 4.7】20 世纪由于人类活动排放了大量的氟利昂气体进入大气,导致平流层臭氧层急剧损耗,南极上空出现大面积的臭氧空洞。大气化学研究中将南极地区臭氧柱总量小于 220 DU 的格点定义属于臭氧空洞区域。现要求编写程序对输入的臭氧柱总量 TCO 值进行判断,以确定是否出现臭氧空洞。

N-S 流程如图 4-9 所示。

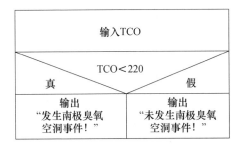

图 4-9　判定是否臭氧空洞的流程图

程序代码：

```
program ex0407
real TCO
write( * , * )'Please input total ozone column value TCO='
read * , TCO
if(TCO. LT. 220. 0)then
write( * , * )'发生南极臭氧空洞事件！'
else
write( * , * )'未发生南极臭氧空洞事件！'
end if
end
```

§4.2　块 IF 语句的嵌套

　　在一个块 IF 语句中可以包含不止一个块 IF 结构,可以利用多个子块 IF 结构实现块 IF 的嵌套(图 4-10),其一般形式为:

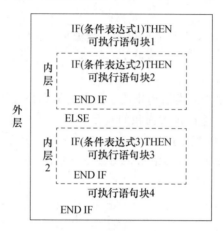

图 4-10　块 IF 语句嵌套结构示意图

　　在这个块 IF 嵌套结构中,最外层为一个完整的块 IF 结构,当条件表达式 1 为"真"值时,将顺序执行可执行语句块 1、"内层 1"块 IF 语句;而当表达式 1 为"假"值时,则顺序执行"内层 2"块 IF 语句、可执行语句块 4。

　　理论上,任何一个选择结构问题,均可以通过块 IF 或块 IF 嵌套实现。但是,当嵌套层次过多时,程序运行效率会减缓。因此,需要根据实际问题,合理设计选择结构程序。后面的章节中会提到 SELECT CASE 结构,它也可以用来优化程序结构。另外,在书写嵌套分支结构时,程序员往往会采取缩进方式书写块 IF 中的可执行语句,这样程序会具有较好的可读性。

　　【例 4.8】在气象部门发布的天气预报中,24 小时累计降水量按以下标准划分降水等级(表 4-1)。

表 4-1　降水量等级划分标准

降水强度	降水量(24 小时,单位:mm)
小雨	<10
中雨	10～25
大雨	25～50
暴雨	50～100
大暴雨	100～250
特大暴雨	>250

N-S 流程如图 4-11 所示。

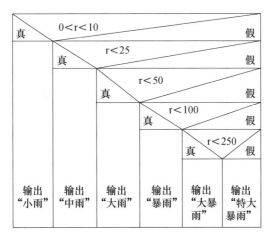

图 4-11　判定降水等级的流程图

程序代码:

```
program ex0408
real r
write( * , * )'Please input rainfall:'
read * ,r
if(r. GT. 0. and. r. LT. 10)then
  write( * , * )'小雨'
else
  if(r. LT. 25)then
    write( * , * )'中雨'
  else
    if(r. LT. 50)then
      write( * , * )'大雨'
    else
      if(r. LT. 100)then
        write( * , * )'暴雨'
      else
        if(r. LT. 250)then
          write( * , * )'大暴雨'
        else
```

```
        write( * , * )'特大暴雨'
      end if
    end if
  end if
 end if
end if
end
```

【例 4.9】输入某一年份 year，判断它是否为闰年(leap)。判断依据为：

(1)year 能被 4 整除，但又不能被 100 整除的年份都是闰年；

(2)year 能被 100 整除，且能被 400 整除的年份是闰年。

问题分析：

在逻辑判断问题中，通常定义一个逻辑"开关"变量，如在这个例子中，设定 leap 为判断是否是闰年的逻辑"开关"变量，当 leap 为"假"时，year 不是闰年，而 leap 为"真"时，表示 year 是闰年。当选择结构结束后，根据 leap 的值来输出 year 是否为闰年的结果，这样程序会变得更加简单。

另外，有多重判断条件的问题，通常采用多分支块 IF 结构进行实现。

N-S 流程如图 4-12 所示。

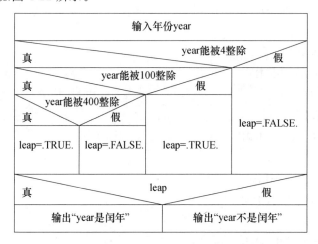

图 4-12　判定是否闰年的流程图

程序代码：

```
program ex0409
integer year
logical leap
```

```
write( * , * )'Please input year:'
read * ,year
if(mod(year,4). EQ. 0)then
  if(mod(year,100). EQ. 0)then
    if(mod(year,400). EQ. 0)then
      leap=. TRUE.
    else
      leap=. FALSE.
    end if
  else
    leap=. TRUE.
  end if
else
  leap=. FALSE.
end if
if(leap)then
  write( * , * )year,'是闰年'
else
  write( * , * )year,'不是闰年'
end if
end
```

程序也可以用一个逻辑表达式包含所有的闰年条件,将上述程序里的块 IF 嵌套语句替换。

N-S 流程如图 4-13 所示。

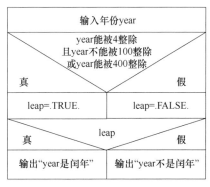

图 4-13　判定是否闰年的另一种算法的流程图

程序代码：

```
program ex0409
integer year
logical leap
write( * , * )'Please input year：'
read * , year
if(mod(year,4).EQ.0.and.(mod(year,100).NE.0).or.(mod(year,400)
.EQ.0))then
leap＝.TRUE.
else
leap＝.FALSE.
end if
if(leap)then
write( * , * )year,'是闰年'
else
write( * , * )year,'不是闰年'
end if
end
```

【例 4.10】输入系数 a,b,c,编写程序求解一元二次方程。

N-S 流程如图 4-14 所示。

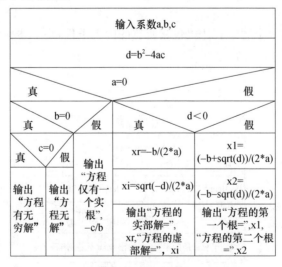

图 4-14　求解一元二次方程的流程图

程序代码：

```
program ex0410
write( * , * )'Please input the coefficients a,b,c:'
read * ,a,b,c
d＝b * * 2－4 * a * c
if(a. EQ. 0)then
   if(b. EQ. 0)then
      if(c. EQ. 0) then
         write( * , * )'方程有无穷解'
      else
         write( * , * )'方程无解'
      end if
      else
         write( * , * )'方程仅有一个根＝',－c/b
   end if
   else if(d＜0)then
   xr＝－b/(2 * a)
   xi＝sqrt(－d)/(2 * a)
   write( * , * )'方程的实部解＝',xr,'方程的虚部解＝',xi
   else
   x1＝(－b＋sqrt(d))/(2 * a)
   x2＝(－b－sqrt(d))/(2 * a)
   write( * , * )'方程的第一个根＝',x1,'方程的第二个根＝',x2
end if
end
```

§4.3　其他选择结构

4.3.1　逻辑 IF 语句

相比块 IF 语句,逻辑 IF 语句结构更简单,可以实现简单的判断执行功能,其一般形式为：

IF(条件表达式)可执行语句

以下为一些合法的逻辑 IF 语句：

IF(x. GT. 0)x＝x＋1

IF(. TRUE.)a＝0

IF(leap＝＝1) write(＊ , ＊)'This is a leap year!'

　　需要注意的是,逻辑 IF 语句只能考虑条件表达式结果为"真"的情况,而且逻辑 IF 语句后面只能有一条可执行语句,否则只能用块 IF 语句实现。逻辑 IF 语句后面没有"THEN"和"ELSE"等结构。当条件表达式的结果为"假"时,程序执行逻辑 IF 语句后面的语句。

4.3.2　多分支 IF 语句

　　else 中的可执行语句部分可以不写,也可以利用多 else 语句进行嵌套,称为多分支块 IF 结构。

　　＜语法结构——多分支块 IF 结构＞

IF(条件表达式 1)THEN

　　　块 1

ELSE IF(条件表达式 2)THEN

　　　块 2

ELSE IF(条件表达式 3)THEN

　　　块 3

……

ELSE IF(条件表达式 n)THEN

　　　块 n

ELSE

　　　块 n＋1

END IF

　　与块 IF 结构相比,多 ELSE 块 IF 结构中增加了 ELSE IF 语句和 ELSE IF 块,用于处理"否则,如果……"的情况。这种嵌套块 IF 结构是在多个条件中选择一个满足的条件去执行相应的块 IF 结构。

　　多分支块 IF 结构的执行过程为:首先判断条件表达式 1 的结果是否为"真",如果为"真"则执行块 1,完成整个逻辑判断结构,跳出 END IF 去执行后面的语句部分;如果结果为"假",则判断条件表达式 2 的结果,如果为"真",则执行块 2,再跳出 END IF 去执行后面的语句部分;如果结果为"假",处理方式如上,直到所有的 ELSE IF 括号中的条件表达式结果都为"假",则执行 ELSE 块,最后跳出 END IF 去执行后面的语句部分。

　　多分支块 IF 结构的 N-S 流程如图 4-15 所示。

　　【例 4.11】将本章开头输入成绩 s 后,系统自动评定其等级的(图 4-1)算法改写

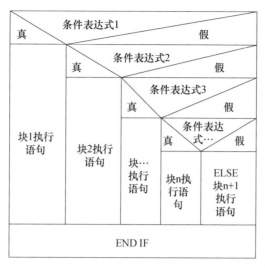

图 4-15　多分支块 IF 结构的流程示意图

成 N-S 流程图和相应的 FORTRAN 程序代码。

　　N-S 流程如图 4-16 所示。

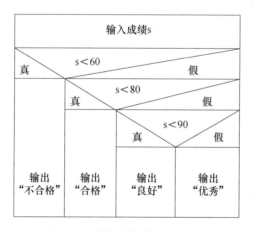

图 4-16　判定成绩等级的流程图

程序代码：

```
program ex0411
integer s
write( * , * )'Please input student s:'
read * , s
```

```
if(s<60)then
  write( * , * )'不合格'
else if(s<80)then
  write( * , * )'合格'
else if(s<90)then
  write( * , * )'良好'
else
  write( * , * )'优秀'
end if
end
```

【例 4.12】在例【4.2】的交通信号灯问题中,如果同时再考虑黄灯的情况,则信号灯可能出现下列三种情况:

(1)当信号灯为绿灯时(信号灯数值为 1),表示车辆可以通过路口。

(2)当信号灯为黄灯时(信号灯数值为 0),表示警示车辆减速停车。

(3)当信号灯为红灯时(信号灯数值为－1),表示车辆禁止通过路口。

N-S 流程如图 4-17 所示。

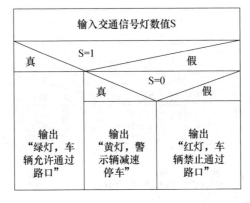

图 4-17　判定交通信号灯颜色的流程图

程序代码:

```
program ex0412
integer S
write( * , * )'请输入交通信号灯数值 S=',S
read * , S
if(S. EQ. 1)then
  write( * , * )'绿灯,车辆允许通过路口'
```

```
else if(S. EQ. 0)then
    write( * , * )'黄灯,警示车辆减速停车'
else
    write( * , * )'红灯,车辆禁止通过路口'
end if
end
```

4.3.3　SELECT CASE 语句

前面介绍的块 IF 语句中条件表达式得到的结果是"非真即假",往往只有两种选择通道和执行模式。然而,现实中一些实际问题需要有两个以上的选择通道,如一个班级的成绩分级,需要根据某个学生的成绩来判断他属于"优秀""良好""合格"和"不合格"中的哪一个层次。为了解决这一问题,FORTRAN 语言提供了 SELECT CASE 语句。其语法形式为:

```
SELECT CASE(选择表达式)
    CASE(控制表达式 1)
      块 1
    CASE(控制表达式 2)
      块 2
    …
    CASE(控制表达式 n)
      块 n
  [CASE DEFAULT
      默认块]
END SELECT
```

SELECT CASE 语句结构的执行过程是:

(1)计算选择表达式的值,如果选择表达式的值与某一控制表达式的值相一致,则执行对应的 CASE 语句块。

(2)如果选择表达式的值与所有罗列出的控制表达式的值均不一样时,程序将会执行"默认块(CASE DEFAULT)"中的可执行语句段。

(3)如果 SELECT CASE 语句结构未给出"默认块",程序将自动跳出 SELECT CASE 结构,执行 END SELECT 后面的语句。

需要说明的是,选择表达式必须是由有限个元素组成的集合。集合的描述可以采用逗号间隔的枚举形式,也可以采用冒号指定的子界形式。选择表达式和控制表达式只能为整型、逻辑型或字符型。以下为一些合法的集合描述:

'a''b''c''d''e'

1,3,5,7,9

10:20(表示大于等于 10 且小于 20 的所有整数)

若用子界形式描述控制表达式的集合,但是只指定了下界却未指定上界,如 90:,则表示当选择表达式的值大于或等于下界(90)时,执行相应的控制表达式范围内的块 n 语句体。

【例 4.13】一般而言,气象规范中要求记录的降水量均为一位小数,因此,可以通过对降水量放大 10 倍,使得它成为整数,然后采用 SELECT CASE 语句改写【例 4.8】。

程序代码:

```fortran
program ex0413
integer r
write( * , * )"降水量为:"
read * ,r0
r=int(r0 * 10)
select case(r)
case(0:99)
   write( * , * )'小雨'
case(100:249)
   write( * , * )'中雨'
case(250:499)
   write( * , * )'大雨'
case(500:999)
   write( * , * )'暴雨'
case(1000:)
   write( * , * )'大暴雨'
case default
   write( * , * )'wrong input! '
end select
end
```

第5章　循环结构程序设计

前面介绍的顺序结构和选择结构,都是只能执行一次就结束了。在实际情况中,往往需要重复做相同的事情,即重复执行同一计算机操作,这种问题需要使用到循环结构。循环结构和顺序结构、选择结构共同作为各种复杂程序的基本构造单元,并称为三大程序设计结构。

在第1章"算法"中,介绍了两个求等差数列和的例子,即1+2+3+4的和以及1+2+3+…+100的和。在算法中,定义了"计数变量"和"累加变量"。开始计算时,"累加变量"S赋成初值0,然后"计数变量"N把数值传递给S进行累加更新数值。再把S的新值作为下一次运算的基础,让"计数变量"N的数值也增加1,重复之前的运算步骤。直到达到N的最大值,算法结束。在该算法中,重复进行"累加变量"S和"计数变量"N的数值更新的步骤就称为"循环"。它的逻辑流程图如图5-1所示。

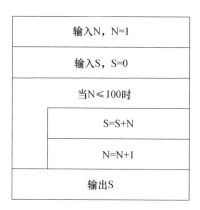

图 5-1　求等差数列和的逻辑流程图

相比顺序结构问题的流程图,循环型问题的流程图在主体语句后面多了一项循环变量自增程序,而在外层多了一个循环变量判断分支,即当循环变量不超过最大值N时,循环程序反复执行,否则,跳出循环,程序停止运行。

在 FORTRAN 语言中,循环结构往往以关键字 DO 开头,END DO 结尾。它通常可分为两大类。

(1)已知循环次数(确定性循环),即使用循环变量进行控制循环的 DO 循环结构;

(2)已知循环条件(由于循环次数事先不确定,故称作非确定性循环),通常使用

DO WHILE 循环结构。

§5.1　带循环变量的 DO 循环结构(确定性循环)

5.1.1　DO 循环结构

　　DO 循环结构通常由三部分组成:DO 语句、循环体(可执行语句块,可以包括顺序结构、选择结构和嵌套的循环结构)和 END DO 语句。它的 N-S 示意如图 5-2 所示。

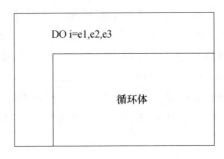

图 5-2　DO 循环结构示意图

　　<语法结构——DO 循环结构>
　　[DO 结构名:] DO i=e1, e2 [,e3]
　　　　　　　循环体
　　　　　END DO [DO 结构名]
其中,"DO 结构体名"用作该循环结构的标识,用于提高程序的可读性,可以缺省不写。i 为循环变量,可以为整型或者实型,e1 为循环变量的初始值,e2 为循环变量的终止值,e3 为循环变量的增量,又称为步长,缺省步长为 1,可以省略不写。e1,e2 和 e3 可以是整型和实型等常量,也可以是表达式,还可以是变量,但是变量必须预先赋予整数或者实数。循环体为一个大的可执行语句块,可以是一条或多条可执行语句,也可以包含前面章节介绍的块 IF 语句、块 IF 嵌套结构和 SELECT CASE 语句,甚至可以再嵌套一个或多个 DO 循环结构。END DO 语句为 DO 循环结构的终端语句,表明本次循环结束,而非循环语句执行结束。每运行一次循环语句时,e1 将增加一次步长 e3;当 i 增加后的数值超过 e2,整个循环结束。

　　【例 5.1】运行下列程序段:
　　DO i=1,10,1
　　　　write(* , *)'i=',i
　　END DO

write(＊,＊)'最终 i＝',i
END
运行结果如下：
i＝1
i＝2
i＝3
i＝4
i＝5
i＝6
i＝7
i＝8
i＝9
i＝10
　最终 i＝11

　　可以发现，每执行一遍循环体，循环变量 i 都会增加，循环体内的输出语句最多只输出到 i＝10，但是在循环体的外侧，最终的 i 值为 11，表明循环变量 i 在最后一次循环结束时，变为 11，已经超出了预先设定的终止值 10，所以循环结构结束。

　　事实上，循环次数可以从循环初值、终值和步长计算出来：
N＝INT((e2－e1＋e3)/e3)。

　　例：对于 DO i＝1,10,1，其循环次数＝INT((10－1＋1)/1)＝10 次，i 按序分别取值为：1,2,3,4,5,6,7,8,9,10

　　对于 DO i＝1,10,2，其循环次数＝INT((10－1＋2)/2)＝5 次，i 按序分别取值为：1,3,5,7,9。

　　DO 循环的执行流程：

　　(1)如果 e1,e2 和 e3 中任意一个值中含有表达式，则先计算表达式的值，并将它们转换成循环变量的类型。

　　(2)将初值 e1 赋予循环变量 i，相当于执行一个赋值语句：i＝e1。

　　(3)根据公式 INT((e2－e1＋e3)/e3)计算出循环次数 N。

　　(4)检查循环次数 N，如果 N≤0，则跳过该层循环体，执行 END DO 语句后面的语句部分；如果 N＞0，则执行循环体。

　　(5)执行完一次循环后，循环变量增加一个步长 i＝i＋e3，循环次数减 1，即 N＝N－1。

　　(6)返回第 4 步，重复执行第 4,5,6 步骤。

使用循环结构需注意以下几点：

(1)循环变量的增量 e3(步长值)是可选项,当不写 e3 时,意味着 e3＝1。例如：DO n＝1,10,1 和 DO n＝1,10 两个语句的含义相同。

(2)对于 DO i＝10,1,2 则循环次数＝0 次。程序运行到这里时循环变量 i 取得初值 10,但是循环体一次也不执行,因为初始值 10 永远不可能通过每次循环增加 2 变为 1。

(3)循环变量的初值、终值和步长可以为正或负。初值、终值可以为零,但步长不应为 0。如 DO i＝10,1,－1,其循环次数＝ INT((1－10－1)/(－1))＝10 次,i 按顺序分别取值 10,9,8,7,6,5,4,3,2,1。

(4)循环变量初值、终值和步长可以分别是常数、变量或表达式。例如：DO x＝1.0 * 2,SQRT(25.0),2.0,相当于：DO x＝2.0,5.0,2.0;

(5)循环变量可以为实型,如 DO x＝0.0, 50.0, 0.1,理论上循环次数为 INT((50.0－0.0＋0.1)/0.1)＝501,但是由于计算机存储精度的限制,循环变量的每一次增量并不是完全准确的 0.1,误差不断地累积导致实际只执行了 500 次循环,循环变量就已经大于 50.1。因此,利用 FORTRAN 语言编写程序时,应尽量避免使用实型变量作为循环变量以及实数作为初始值、终止值和步长。

(6)如果循环变量的类型和初值、终值以及步长的类型不一致,则按赋值的类型转换规则处理。例如：对于 DO i＝1.5,3.6,1.2 不要根据 INT((3.6－1.5＋1.2)/1.2)＝2 而认为循环次数为 2,而应当先将实数转换为整数,即变成相当的循环语句 DO i＝1,3,1 其循环次数为 3 次而不是 2 次。又例：对于 DO x＝1.5,3.6,1.2 由于循环变量不是整型的而是实型的,它的循环次数为 2 次。X 取值分别是 1.5,2.7。所以这也是为什么应该避免使用实型循环变量的另一个原因,应用整型循环变量计算出的循环次数是相对准确的。

(7)循环变量在循环体内不能再被赋值。例如,下列的书写是错误的：

```
DO i＝1,10
  i＝i * 2
write( * , * )i
ENDDO
```

5.1.2 DO 循环应用举例

DO 循环结构可以用来解决很多已知循环次数的实际问题,下面举几类常用的 DO 循环结构例子予以说明。

1. 计算数列的和或者乘积

【例 5.2】求 1＋2＋3＋4 的值。

N-S 流程如图 5-3 所示。

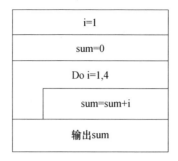

图 5-3　求 1+2+3+4 和的流程图

程序代码：

```
program ex0502
implicit none
integer:: i,sum=0
do i = 1,4
   sum=sum+i
enddo
write( * , * )sum
end
```

【例 5.3】求 1+2+3+…+N 的值。

问题分析：

与【例 5.2】类似,这也是等差数列求和问题。但不同的是,求和上限由 4 变为 N,程序一开始需要先输入 N。

N-S 流程如图 5-4 所示。

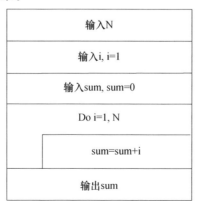

图 5-4　求 1+2+3+…+N 和的流程图

程序代码：

```
program ex0503
implicit none
integer：：i,sum＝0,N
write( * , * )'Please input N：'
read * ,N
do i ＝ 1,N
   sum＝sum＋i
enddo
write( * , * )sum
end
```

【例 5.4】求阶乘 5！

问题分析：

阶乘本质上就是连乘问题，相比等差数列求和，阶乘计算是在循环过程中把加法运算改成了乘法运算。同时，还需要注意，与"累加变量"初值赋为 0 不同，"累乘变量"的初值要赋为 1。

N-S 流程如图 5-5 所示。

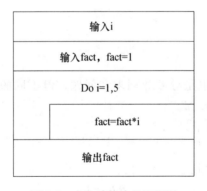

图 5-5　求阶乘算法的流程图

程序代码：

```
program ex0504
implicit none
integer：：i,fact＝1
do i ＝ 1,5
   fact＝fact * i
```

```
enddo
write( * , * )fact
end
```

【例 5.5】求 $\sum\limits_{n=1}^{10} n!$

问题分析:

在【例 5.4】的基础上,再定义一个求和变量 sum,然后利用循环语句求和,即写成 sum=sum+fact 这样的形式,而计算阶乘"fact"时则利用【例 5.4】中的阶乘算法。

N-S 流程如图 5-6:

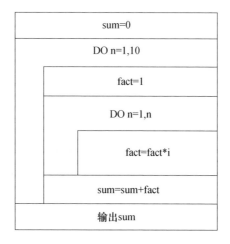

图 5-6　求 $\sum\limits_{n=1}^{10} n!$ 的逻辑流程图

程序代码:

```
program ex0505
implicit none
integer::n,i,fact=1,sum=0
do n=1,10
fact=1
  do i=1,n
fact=fact*i
  enddo
  sum=sum+fact
enddo
```

```
write( * , * )sum
end
```

上述程序在每次计算 n! 时,都需要重新给 fact 赋值为 1,用以计算(n+1)!。事实上,可以根据关系式(n+1)! =n! *(n+1),不必将每次计算的 fact 重新赋值为 1,而是在它的基础上再进行一次循环得到(n+1)!。这样,程序长度不仅可以缩短,而且运算效率也会大大提高。因此,上述程序可以改写成:

```
program ex0505
implicit none
integer::i,fact=1,sum=0
do i=1,10
  fact=fact * i
  sum=sum+fact
enddo
write( * , * )sum
end
```

【例 5.6】依次输入某班 50 名学生的成绩 s,系统自动评定其等级,写出其算法 N-S 流程图和相应的 FORTRAN 程序代码,要求程序同时输出学生学号和成绩等级。

N-S 流程如图 5-7 所示。

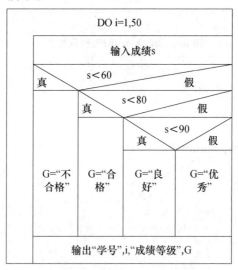

图 5-7 判定成绩等级的流程图

程序代码：

```
program ex0506
integer s,i
character * 10 G
do i=1,50
write( * , * )"Please input student's score s："
read * , s
if(s<60)then
   G='不合格'
else if(s<80)then
   G='合格'
else if(s<90)then
   G='良好'
else
   G='优秀'
end if
write( * , * )'学号＝', i, '成绩等级＝', G
enddo
end
```

2. 处理气象数据

在处理气象数据时,常常将选择结构算法和循环结构算法相结合,用来处理一些更为复杂的气象数据问题。例如在前一章节中,提到往往需要先对气象观测数据做质量控制,把不符合有效观测范围的数据赋值成缺省,然后才能将数据用于后处理计算。

【例 5.7】输入兰州市 2016 年 7 月每天的平均气温,如果此温度记录低于 0 ℃或者高于 60 ℃,将被赋值成缺省值－999。

问题分析：

对温度、压强和湿度等气象要素进行数据运算,是气象中十分常见的问题。通常将温度序列保存在后面章节要介绍的数组中。

N-S 流程如图 5-8 所示。

程序代码：

```
program ex0507
implicit none
real T(31)
```

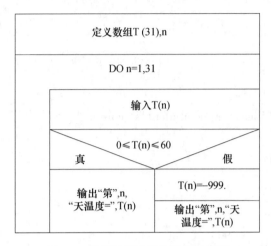

图 5-8　温度记录缺省判定的流程图

```
integer n
do n=1,31
read * , T(n)
if(T(n). GE. 0. and. T(n). LE. 60)then
write( * , * ) '第',n,'天温度 =',T(n)
else
T(n) = -999.
write( * , * ) '第',n,'天温度 =',T(n)
end if
enddo
end
```

DO 循环的另一个重要应用就是计数、求和以及求平均。这些功能常常用于统计每月的极端天气事件日数或气象要素平均值。

【例 5.8】气象上将日最高气温达到或超过 35℃ 称为"高温"。输入兰州市 2016 年 7 月份的逐日最高气温,统计当月的高温天数。

N-S 流程如图 5-9 所示。

程序代码:

```
program ex0508
implicit none
real Tmax(31)
integer n
```

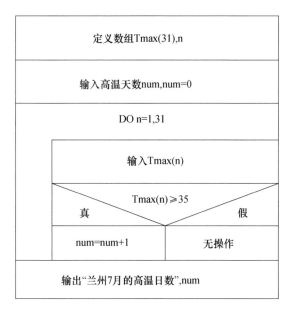

图 5-9　高温天数统计的流程图

```
integer:: num=0
do n=1,31
read *,Tmax(n)
if(Tmax(n).GE.35)then
num=num+1
end if
enddo
write(*,*)'兰州7月的高温日数=',num
end
```

【例 5.9】气象上将 24 小时降水量为 50 毫米或以上的强降雨称为"暴雨"。输入武汉市 2015 年 6 月的 24 小时累计降水量,统计当月的暴雨天数。

N-S 流程如图 5-10 所示。

程序代码:

```
program ex0509
implicit none
real R24(30)
integer n
integer:: num=0
```

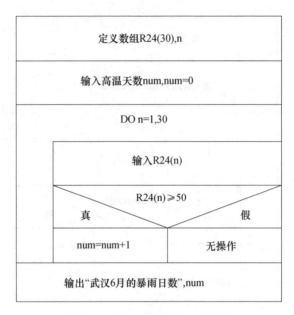

图 5-10　暴雨天数统计的流程图

```
do n＝1,30
read＊,R24(n)
if(R24(n).GE.50.)then
   num＝num＋1
end if
enddo
write(＊,＊)'武汉 6 月的暴雨日数＝',num
end
```

【例 5.10】输入兰州市 2016 年 7 月逐日平均气温,求出这个月的平均气温并输出。

N-S 流程如图 5-11 所示。

程序代码:

```
program ex0510
implicit none
real::avg＝0.0
real T(31)
integer n
do n＝1,31
```

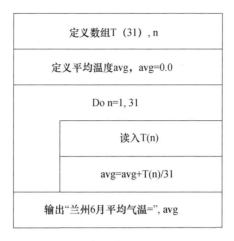

图 5-11　气温求平均的流程图

```
read * , T(n)
avg=avg+T(n)/31
enddo
write( * , * )'兰州 6 月平均气温=',avg
end
```

【例 5.11】输入兰州市 2016 年 7 月逐日气温,求出这个月的平均气温并输出,其中-999 为温度的缺省值,需剔除缺省值再计算平均温度。

问题分析:

对于存在缺省值的温度序列求平均问题,需要先定义一个计数变量 cnt 和求和变量 sum,来记录非缺省值的有效温度记录值,然后在每一次循环过程中,判定每一天的温度记录值是否为缺省值。如果温度记录值有效,则计数变量自增 1,同时求和变量 sum 累加当日的温度值。最后当 cnt 不等于 0 时,求得温度序列的月平均值。

N-S 流程如图 5-12 所示。

程序代码:

```
program ex0511
implicit none
real::avg=0.0, sum=0.0
real T(31)
integer n
integer::cnt=0
```

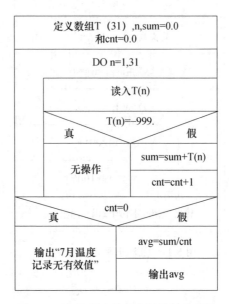

图 5-12　气温剔除缺省求平均的流程图

```
do n=1,31
read * , T(n)
if(T(n). NE. -999. )then
   sum=sum+T(n)
   cnt=cnt+1
end if
enddo
if(cnt. EQ. 0)then
   write( * , * )'7 月温度记录无有效值'
else
   avg=sum/cnt
   write( * , * )avg
end if
end
```

§5.2　DO WHILE 循环结构

　　一些需要循环结构解决的问题无法事先确定循环次数,而只是给出一个条件。当满足该条件时,就不断执行循环体;而不满足时,则整个循环停止。这类问题就属于已知循环条件而不知循环次数的循环求解问题,需要用到 DO WHILE 循环结构。其 N-S 流程图如图 5-13 所示。

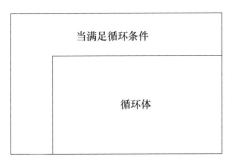

当满足循环条件

循环体

图 5-13　DO WHILE 循环结构示意图

＜语法结构——DO WHILE 循环结构＞

　　［DO 结构名:］DO WHILE(逻辑表达式)

　　　　　　　　　循环体

　　　　　END DO［DO 结构名］

DO WHILE 循环结构的执行过程:

(1)先计算表示循环控制条件的逻辑表达式或关系表达式的值。

(2)若结果为.TRUE.,则执行循环体直到 END DO 语句;若结果为.FALSE.,则跳出 DO WHILE 循环结构,执行 END DO 后面的可执行语句。

(3)执行 END DO 语句,控制转(1)继续执行。

使用 DO WHILE 循环结构需要注意以下要求:

(1)循环条件可以为关系表达式,也可以是逻辑表达式,但是不能使用算术表达式或字符表达式。

(2)使用 DO WHILE 循环结构时要特别注意死循环的产生,要保证循环体中至少有一条能结束循环的语句或者保证循环次数是有限的,否则将产生死循环。

【例 5.12】将【例 5.6】中的“DO 型循环”改写成“当型循环”。

N-S 流程如图 5-14 所示。

程序代码:

```
program ex0512
integer s
integer::i=1
character * 10 G
do while(i. LE. 50)
write( * , * )'Please input student's score s:'
```

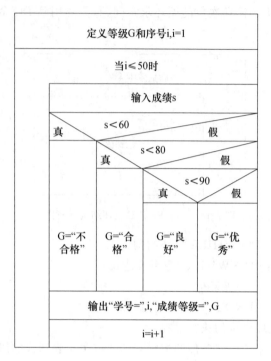

图 5-14 判定成绩等级的流程图

```
read * , s
if(s<60)then
G='不合格'
else if(s<80)then
G='合格'
else if(s<90)then
G='良好'
else
G='优秀'
end if
write( * , * )'学号 =', i, '成绩等级 =', G
i=i+1
enddo
end
```

DO WHILE 语句常常可以用来解决累计求和问题,使得求和的结果保证在一定阈值范围内,否则程序将终止。

【例 5.13】求和 sum $= 1^2 + 2^2 + \cdots + n^2$,找到 sum 最接近且不超过 10000 的 n 值。

N-S 流程如图 5-15 所示。

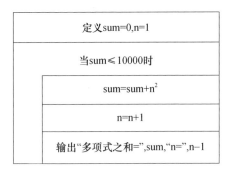

图 5-15　判定不超过某值的逻辑流程图

程序代码:

```
program ex0513
real::sum=0.0
integer::n=1
do while(sum. LE. 10000)
   sum=sum+n**2
   n=n+1
enddo
write(*,*)'多项式之和=',sum, 'n=',n-1
end
```

【例 5.14】在数值计算问题中,常常有一类求解收敛级数的问题,即通过反复循环迭代得到收敛级数的估计值,并与上一次循环的估计值进行比较,当前后两次估计值差值的绝对值小于某一个误差阈限时,即认为迭代计算收敛。

如利用 $e^x = 1 + x + \dfrac{x^2}{2!} + \dfrac{x^3}{3!} + \cdots + \dfrac{x^n}{n!}$ 级数展开近似求解 e^x,误差精度需小于 $1e^{-7}$。

N-S 流程如图 5-16 所示。

程序代码:

```
program ex0514
real::x,term=1.0,sum0=0,sum=1.0
```

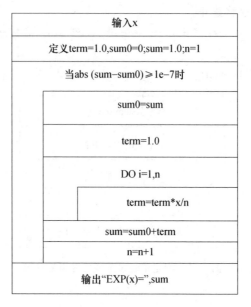

图 5-16　数值计算示例流程图

integer∷n＝1

read＊,x

do while(abs(sum－sum0).GE.1e－7)

　　sum0＝sum

　　term＝1

　　do i＝1,n

　　　term＝term＊x/i

　　enddo

　　sum＝sum0＋term

　　n＝n＋1

enddo

write(＊,＊)'EXP(x)＝',sum

end

程序分析：

在初始赋值时,为了保证程序能进入 DO WHILE 语句的循环体内,特意将 sum0 设为 0,而 sum 设为 1。事实上,这个初始值可以适当调整,而初值的选取将会影响收敛速度。

由于前后两次估计的差值就是 term,因此,程序可以进一步简化为：

```
program ex0514
real::x,term=1.0, sum=1.0
integer::n=1
read * ,x
do while(term. GE. 1e-7)
term=1
do i=1,n
term=term * x/i
enddo
   sum=sum+term
   n=n+1
enddo
write( * , * )'EXP(x)=',sum
end
```

【例 5.15】输入两个正整数 i 和 j,求它们的最大公约数。

问题分析:

对于数值求解最大公约数的问题而言,一般使用"辗转相除法"来求两个正整数的最大公约数,其主要步骤如下:

(1)i 对 j 求余数为 r,若 r 不等于 0,继续下一步骤;

(2)将 j 赋值给 i,r 赋值给 j,继续求余,直到 r=0,则 j 为最大公约数。

例如:设 i=16,j=24,使用"辗转相除法"求 i 和 j 的最大公约数每一步循环运算见表 5-1。

表 5-1　求 i,j 最大公约数每一步循环运算

循环次数	被除数 i	除数 j	余数 r
1	16	24	16
2	24	16	8
3	16	8	0

因此,8 为 16 和 24 的最大公约数。

N-S 流程图如图 5-17 所示。

程序代码:

```
program ex0515
implicit none
integer i,j,r
```

图 5-17　求最大公约数的流程图

i＝16
j＝24
r＝mod(i,j)
do while(r. NE. 0)
　i＝j
　j＝r
　r＝mod(i,j)
enddo
write(* , *)'16 和 24 的最大公约数是',j
end

§5.3　循环语句的嵌套

在前面的例子中已经看到可以使用双重甚至多重循环来解决一些复杂的重复操作问题。在一个 DO 循环结构或 DO WHILE 循环结构中又包含另一个 DO 循环结构或 DO WHILE 循环结构,称为循环语句的嵌套,如图 5-18 所示。

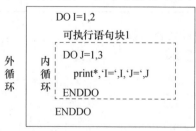

图 5-18　循环语句嵌套结构的示意图

这段程序的运行结果是：

I＝1　J＝1
I＝1　J＝2
I＝1　J＝3
I＝2　J＝1
I＝2　J＝2
I＝2　J＝3

可见运行嵌套循环时,首先固定外层循环变量,然后运行内层循环,完成内层循环的完整循环后,外层循环变量增加,继续进行内层循环的计算,直到外层循环终止。

一些注意事项如下。

(1)各种 DO 循环结构均可以进行嵌套,但是不论哪一种循环结构的嵌套,内层 DO 循环结构必须完整地嵌入在外层 DO 循环结构之中,两者不能出现交叉的情况,如图 5-19 所示,循环结构是非法的。

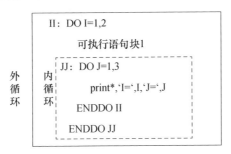

图 5-19　循环语句嵌套结构示意图

(2)内外层循环不能使用相同的循环变量名。否则,执行内循环的时候需要对内循环变量进行赋值,造成具有同一变量名的外层循环变量重新赋值,已经计算好的外层循环次数被打乱,这是不允许的。

§5.4　程序举例

【例 5.16】现录入某地区观测到的 24 小时内逐小时降水量数据,求该地区 24 小时累计降水量,并根据【例 4.8】给出的降水强度标准判断其降水等级。

N-S 流程如图 5-20 所示。

程序代码：

```
program ex0516
real R1，R24
```

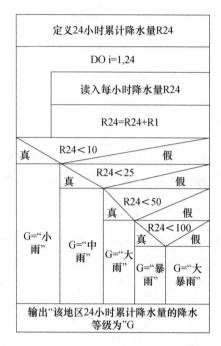

图 5-20　累积降水量及判定降水等级的流程图

```
character * 10 G
write( * , * )'Please input 1h rainfall：'
do i=1,24
read * , R1
R24＝R24＋R1
enddo
if(R24＜10)then
    G＝'小雨'
else if(R24＜25)then
    G＝'中雨'
else if(R24＜50)then
    G＝'大雨'
else if(R24＜100)then
    G＝'暴雨'
else
    G＝'大暴雨'
```

```
end if
write( * , * )'该地区 24 小时累计降水量的降水等级为',G
end
```

【例 5.17】已知兰州市 6 月 1—10 日 02 时、08 时、14 时、20 时四个时次的温度二维数组 T(10,4),通过编写 FORTRAN 程序,求解以下问题:

(1)求兰州市各时次的 6 月 1—10 日的每小时平均温度;

(2)求兰州市 6 月 1—10 日的日平均温度。

问题分析:

二维数组是下一章节要重点讲解的数组概念,可以把上面的数据想象成一个 10×4 的二维矩阵,在矩阵每个元素的位置上存放了一个温度数据。对每一行不同列求和取平均就可以得到逐日平均温度;相反,对每一列不同行求和取平均即可得到每小时平均温度。

程序代码:

```
program ex0517
real T(10,4)
real Tm1(4), Tm2(10)
! 读入温度数据
do i＝1,10
   do j＝1,4
      read * ,T(i,j)
   enddo
enddo
! 计算每小时平均温度
do j＝1,4
   do i＝1,10
      Tm1(j)＝Tm1(j)＋T(i,j)
   enddo
   Tm1(j)＝Tm1(j)/10
enddo
write( * , "(A)") '02、08、14、20 时湿度小时平均分别为:'
write( * , "(4f6.1)") (Tm1(j), j＝1,4)
! 计算逐日平均温度
do i＝1,10
   do j＝1,4
```

```
      Tm2(i)＝Tm2(i)＋T(i,j)
   enddo
   Tm2(i)＝Tm2(i)/4
enddo
write( * , "(A)")'兰州市 6 月 1—10 日温度日平均值为:'
write( * , "(10f6.1)") (Tm2(i), i＝1,10)
end
```

§5.5　其他循环结构

5.5.1　EXIT 语句

EXIT 语句的作用是停止当层循环,将控制转移到当前循环之外,其一般形式为:

EXIT [DO 结构名]

一般而言,EXIT 语句往往与逻辑 IF 语句结合使用,即

IF(逻辑表达式)EXIT [DO 结构名]

它的执行过程是当逻辑表达式的值为"真"时,程序将终止当层循环;而当逻辑表达式的值为"假"时,程序将继续执行循环体。利用这种语句可以实现前面介绍的 DO WHILE 循环结构功能,它对应于 N-S 流程图中的"直到型循环"。

【例 5.18】利用 EXIT 语句实现【例 5.14】的要求,即求解 e^x 的泰勒级数近似展开式,误差精度需小于 $1e^{-7}$。

程序代码:

```
program ex0518
real::x,term＝1.0, sum＝1.0
integer::n＝1, max＝100
read * ,x
do n＝1, max
   term＝1
     do i＝1,n
         term＝term * x/i
     enddo
   sum＝sum＋term
   if(term.LT.1e－7) exit
enddo
```

write(∗ , ∗)'EXP(x)＝',sum

end

程序分析：

该程序利用 DO 循环结构和"IF（逻辑表达式）EXIT"结构替换 DO WHILE 语句,其中 max 表示的是一个最大迭代次数。对于发散级数而言,max 常用来限制程序的运算次数,否则将进入死循环。

在循环嵌套语句中,如果 EXIT 语句后面没有明确指定 DO 循环名,即默认跳转至当前所在循环（内层循环）；如果 EXIT 语句后面紧跟确定的 DO 循环名字,则表示程序跳转至该名字所代表的 DO 循环外。

例如：

```
II：do i＝1,3
   JJ：do j＝1,5
      write( ∗ , ∗ )'I＝',i, 'J＝',j
      if(i. LT. j)then
         exit
      end if
   enddo JJ
enddo II
```

在这个例子中,内层循环的 EXIT 语句只退出内层 DO 循环,程序运行结果如下：

I＝1　J＝1

I＝1　J＝2

I＝2　J＝1

I＝2　J＝2

I＝2　J＝3

I＝3　J＝1

I＝3　J＝2

I＝3　J＝3

I＝3　J＝4

如果在 EXIT 语句后加上外层循环标号 II,则直接退出外层循环。即当 i＝2 时,程序直接跳出所有循环,最终结果只输出前两行。

5.5.2　CYCLE 语句

与 EXIT 语句的功能不同的是,CYCLE 语句的功能是在循环执行到该语句时,终止当次循环,跳过循环体在它后面的那些语句,再从循环体的第一条语句(DO 或 DO WHILE 语句)开始执行,其一般形式为:

CYCLE [DO 结构名]

CYCLE 语句常用在程序员有意终止当次循环的程序中。在气象数据中,常常存在一些由于仪器故障或其他突发情况导致的异常值或缺测值,在程序计算中需要剔除这些缺测值,而使之不参与程序计算过程。

【例 5.19】输入兰州市 2016 年 7 月每日的平均气温,求出这个月的平均气温并输出,其中 -999 为温度的缺省值,需剔除缺省值再计算平均温度。

程序代码:

```
program ex0519
implicit none
real::avg=0.0
real T(31)
integer::n,cnt=0
do n=1,31
    read * , T(n)
    write( * , * )'第',n,'天的温度为', T(n)
    if (T(n).EQ. -999) cycle
    avg=avg+T(n)
    cnt=cnt+1
    write( * , * )cnt
enddo
avg=avg/cnt
write( * , * )avg
end
```

5.5.3 GO TO 语句

GO TO 语句也称为无条件转移语句。GO TO 语句在 FORTRAN77 中就流传下来了,它可以任意跳跃到后面语句标号所在的位置。其一般形式如下。

GO TO [语句标号]

GO TO 语句的语义是改变程序流向,转去执行语句标号所标识的语句。它通常与条件语句配合使用。可用来实现条件转移,构成循环,跳出循环体等功能。

例如:

```
do n=1,50
```

```
    if (n. GE. 25) go to 100
enddo
100 write( * , * ) n
end
```

允许用 GO TO 语句将控制语句从内层循环转移至外层循环,但是禁止用 GO TO 语句将程序从外层循环转移至内层循环。此外,结构化程序设计中一般不主张使用 GO TO 语句,以免造成程序流程的混乱,使理解和调试程序都产生困难。因此,FORTRAN95 语言不提倡使用 GO TO 语句。

5.5.4 无循环变量的 DO 语句格式

该结构的特点是 DO 语句只有关键字 DO,后边既无循环变量控制,也没有条件控制。该 DO 语句的一般形式为:

[DO 结构名:] DO

　　　　循环体

　　END DO [DO 结构名]

对于不带控制变量的 DO 结构,DO 块中必须有 EXIT 语句,使它停止循环,否则循环将无休无止一直进行下去,形成死循环。

无循环变量的 DO 语句的执行过程:

(1)进入 DO 结构后,从 DO 语句下面第一句执行起顺次执行到 END DO 前的最后一句。

(2)再返回 DO 语句内的第一句,重复执行整个 DO 循环结构。

(3)如此反复执行 DO 结构,其间如满足程序员设定的条件遇到 EXIT 语句,就停止执行 DO 结构,跳出循环,转向执行 END DO 后面的语句。

第6章 数 组

在第五章中,为了更方便地计算一个地区的平均温度,使用了"数组"这一特殊的数据类型。在大气科学中,常常要处理许多观测资料,这些资料包含小时平均、日平均、月平均和年平均的各种时间尺度资料。如果用前面章节介绍的变量去存储这些数据,那么需要定义成百上千个变量来存放,在变量名字的选取上十分不方便,同时也会对后续的程序编写带来巨大的困难。因此,与其他高级语言一样,FORTRAN 也定义了数组构造数据类型用以批量处理数据。数组是由一组具有同一类型的变量组成的构造数据类型,如北京 5 月的日平均温度序列:19.6, 18.9, 19.2, …是一个实型数组,而兰州 7 月日平均湿度可以用 31,28,49,41,…这样的整型数组来表示。

通俗而言,数组就像是一排整齐摆放的箱子,每个箱子被称作数组的基本单位——元素。这些"箱子"里面存放着具有相同类型的数据。因此,数组的元素本质上就是一个个变量,具备存储数据功能的存储单元。相比普通变量,相邻数组元素之间存在索引关系,即通过数组的上下维数标识可以由一个数组元素 a(i) 引用前后 n 位置上的数组元素 a(i±n)。这种功能极大地方便了用户使用数组来解决一系列数据处理问题。

【例 6.1】输入兰州市 2016 年 7 月每日的平均气温,求出这个月的平均气温并输出。

问题分析:

如果采用之前介绍的实型变量来求解这道题目,那么需要定义 31 个具有不同名字的变量来保存每次读入的气温数据,然后再对 31 个变量求和、求平均,程序将变得非常繁琐,而且容易出错。然而,数组可以通过只定义一个数组名,然后通过下标索引的方式很简单地实现程序。

程序代码:

```
program ex0601
implicit none
real::avg=0.0
real T(31)
integer n
do n=1,31
   read * , T(n)
   avg=avg+T(n)/31
```

enddo

write(＊ , ＊)avg

end

§6.1　数组的定义和引用

在 FORTRAN 语言中,数组在使用之前必须先定义声明,声明信息包括数组的名字、类型、维数和大小(动态数组可以不预先声明大小),以便编译系统给数组分配相应的存储单元。

在 FORTRAN90/95 语言版本中,数组的声明常用的有两种方式。

(1)类型说明符数组名([维数下界:]维数上界)

【说明】维数下界可以省略。维数上、下界可以为 0 或负数,但是维数上界必须大于等于维数下界。若不指明维数下界,则默认为1,同时,冒号也可以省略。

【举例】

一维整型数组:

INTEGER a1(1:10), b1(−2:0), c1(0:10), d1(20)

一维实型数组:

REAL a2(−10:2)

一维字符型数组:

CHARACTER ＊ 10 a3(30), b3(20)　　　！共定义了两个各含有 30 和 20 个数组元素的字符型数组,其中每个元素可以存放长度为 10 的字符串数组

多维数组(a 为二维数组,b 为三维数组,FORTRAN90/95 规定最多可以定义 7 维数组):

INTEGER a(−5:5,1:10), b(12, 24)

数组的维数说明符还可以通过定义整型常量的方式间接给出:

INTEGER, PARAMETER ：： N＝10

REAL a(N, N＋1:N ＊ 2)

(2)类型说明符,DIMENSION([维数下界:]维数上界)::数组名

【说明】如果要定义的多个类型和大小均相同的数组时,使用这种数组定义方法会更加简便。

【举例】

一维数组:

INTEGER, DIMENSION(0:10) ：： a1, b1, c1

REAL(8)，DIMENSION(−5:5) :: a2，b2　　　　　! KIND 值为 8 的实型
　　　　　　　　　　　　　　　　　　　　　　　　　数组

CHARACTER(len＝10)，DIMENSION(10) :: a3　　! 字符长度为 10 的字
　　　　　　　　　　　　　　　　　　　　　　　　　符串数组

多维数组：
REAL，DIMENSION(0:10，−2:0，10) :: a

§6.2　数组元素的引用

数组相比于变量的优势就在于，程序设计者可以通过使用一个数组名而采用不同的下标来区分元素，以调用数组中存储的数据。

（1）单个数组元素的引用

单个数组元素的引用可以通过读取下标来实现，其中一维数组用一个下标索引，而多维数组需要每一维度都指定下标才能引用元素，其一般形式为：

数组名（下标[，下标，…]）

【举例】

读取数组 a 中下标为 6 的元素：a(6)

读取数组 b(−2:1，0:3)中第一维下标 0，第二维下标 1 的元素 b(0,1)

下标也可以是整型表达式，但是表达式的取值必须在上下界之间，如：

INTEGER :: a(6)，n＝3

a(n＋1)是合法的引用，而 a(n＋4)调用的是 a(7)，程序会显示数组超界。

（2）多个数组元素的引用

在 FORTRAN90/95 语言中，还可以引用数组的片段，其一般形式为：

数组名（[起始下标]:[终止下标][:步长]）

【说明】如果省略起始（终止）下标，则把维的下界（上界）作为对应下标。如果省略步长，则表示间隔为 1。

【举例】

对于 INTEGER a(10)定义的数组：

引用数组 a 中的奇数下标对应的元素：a(1:10:2)或 a(1:9:2)

引用数组 a 中的偶数下标对应的元素：a(2:10:2)

a(4:6)　　　　表示引用数组 a 中的三个连续的元素 a(4)～a(6)

a(:10:3)　　　表示 a(1)，a(4)，a(7)和 a(10)

a(2::2)　　　 表示 a(2)，a(4)，a(6)，a(8)和 a(10)

a(::4)　　　　表示 a(1)，a(5)和 a(9)

a(:)　　　　　表示 a(1)～a(10)

§6.3 数组的逻辑结构与存储结构

从程序设计者的角度来看,一维数组可以理解为一排存放数据的网格,读取数组中的第 n 个元素相当于从网格中取出第 n 个格子中的数据,这种理解方式被称为数组的"逻辑结构"。从计算机存储角度来看,一维数组在计算机内存中占用一段连续的存储单元,这个就是数组的"存储结构"。对于一维数组而言,数组的"逻辑结构"和"存储结构"的存放顺序是一样的。

对于二维数组而言,从逻辑结构来看,可以将其设想为一个二维矩阵,数组的第一个下标号表示行号,第二个下标号表示列号。例如某地区某月 1—3 日 02 时、08 时、14 时、20 时的湿度数组 RH 可以设想存放在一个 3 行 4 列的二维矩阵中,如图 6-1。

(1,1) 6月1日02时	(1,2) 6月1日08时	(1,3) 6月1日14时	(1,4) 6月1日20时
62	56	56	55
(2,1) 6月2日02时	(2,2) 6月2日08时	(2,3) 6月2日14时	(2,4) 6月2日20时
58	60	52	58
(3,1) 6月3日02时	(3,2) 6月3日08时	(3,3) 6月3日14时	(3,4) 6月3日20时
60	61	57	60

图 6-1 二维湿度数组的逻辑结构

这种逻辑存储方式非常利于编程。但是,在 FORTRAN 语言的编译系统中,对于二维数组的存储结构,是"按列存储"的,即在内存中先存放(x,1)第 1 列的数据,再依次存放(x,2)和(x,3)第 2、3 列的数据,那么二维数组的逻辑结构和存储结构的顺序对应图 6-2:

图 6-2 二维湿度数组在内存中的存储结构

对于三维数组而言,其逻辑存储结构可以用图书馆或档案室里的文件柜来想象,即把第三维比作柜子的序号。以三维实型数组 a(4,2,3)为例,一共有三层二维数据,每一层二维数据可以想象成放在一组柜子里,这些二维数据的存放方式与之前介绍的二维数组的存放方式相一致。具体的逻辑结构如图 6-3 所示。

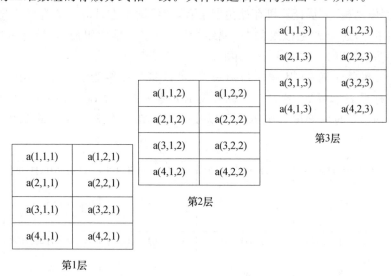

图 6-3　三维数组的逻辑结构

在内存存储方面,三维数组和一维、二维数组一样,也是占用一段连续的存储单元,即先放第一层的数据,第一层数据的存储顺序也是按照"按列存储"的方式,随后紧接着存储第二层、第三层的数据,如图 6-4 所示。

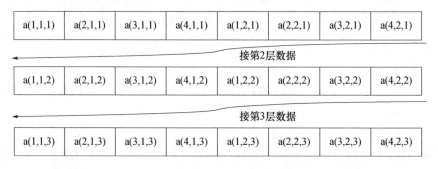

图 6-4　三维数组在内存中的存储结构

对于更高维的数组,其逻辑结构可能较难想象,但是逻辑结构和存储结构的顺序对应关系还是根据"按列存储"的原则建立的,可以以此类推。

§6.4　数组的赋值、输入与输出

当知道了如何定义数组和引用数组元素后,需要对数组进行赋值,即将数据输入到数组中,同时,也需要知道如何输出数组内存储的数据。

常见的数组赋值和输入方法有以下几种。

(1)利用 DO 循环对数组赋值

【例 6.2】定义一维整型数组 a(100),对该数组赋值输入从 1 开始、步长间隔为 3 的等差数列,输出 a 数组。

程序代码:

```
integer a(100)
do i=1, 100
    a(i)= (i-1) * 3+1
enddo
write( * , * ) a
end
```

【例 6.3】定义二维整型数组 b(2,3),对该数组赋值输入从 1 开始、步长间隔为 3 的等差数列,输出 b 数组。

程序代码:

```
integer b(2,3)
do i=1, 2
    do j=1,3
        b(i,j)= (i-1) * 9+(j-1) * 3+1
    enddo
enddo
write( * , * ) b
end
```

这种方法通常用于给数组赋以有规律的数据,如【例 6.2】和【例 6.3】中介绍的等差数列。

(2)利用隐含 DO 循环对数组赋值

一般形式为:

一维数组:READ(* , *)(输入表, i= ei1, ei2[, ei3])

二维数组:READ(* , *)(输入表, (j=ej1, ej2[,ej3]), i= ei1, ei2[, ei3])

其中 ei1 和 ej1 代表初始值,ei2 和 ej2 代表终止值,ei3 和 ej3 代表步长,若省略表示步长间隔为 1。对于二维数组或者更高维数组而言,在内的是内循环,在外的是外循环。

【例6.4】定义一维整型数组 a(5),对该数组赋值并输出 a 数组。

程序代码:

```
integer a(5)
read ( * ,100) (a(i), i=1,5)
100 format (5I2)
write( * , * ) a
end
```

执行时输入:

2□2□1□3□8↙

上述操作等价于执行如下赋值语句:a(1)=2,a(2)=2,a(3)=1,a(4)=3,a(5)=8。

【例6.5】定义二维整型数组 b(2,3),对该数组赋值并输出 b 数组。

程序代码:

```
integer b(2, 3)
read ( * ,100) ((b(i,j), j=1,3), i=1,2)
100 format (3I2)
write( * , * ) b
end
```

执行时输入:

2□2□8↙

1□3□4↙

上述操作外循环变量 i 控制行,内循环变量 j 控制列,等价于执行如下赋值语句:

```
do i=1,2
    read ( * ,100) (b(i,j), j=1, 3)
enddo
```

相比第一种 DO 循环每次读入一个数据都需要换行,隐含 DO 循环只执行了一次 READ 语句,所以输入数据时可以在一行输入数据,更加灵活。同时,隐含 DO 循环输入数据在输出时的形式与二维数组的逻辑结构完全相同,符合程序员的思维习惯,因此是一种普遍应用的数组输入方式。

(3)利用数组名整体给数组赋值

对于一维数组,使用数组名整体输入数据较为简单,如对整型数组 a(5)输入数据:

READ * , a

只需从键盘上按顺序一次性输入 5 个整数即可。

对于二维数组而言,使用数组名对数组整体读入数据,需根据"按列存储"数据的原则顺序读入数据,以【例 6.5】中的二维数组 b(2,3)为例,如果想要得到【例 6.5】的数组输入结果,则需按照以下方式读入:

READ＊, b

从键盘上输入:

2□1□2□3□8□4↙

(4)DATA 赋值语句

在 FORTRAN90/95 语言中,DATA 语句可以用来在编译期间给变量和数组赋值。其一般形式为:

DATA 变量表 1/初值表 1/［,变量表 2/初值表 2/ …］

【说明】

①变量表中列出的是需要赋值的项目,可以是变量名、数组名、数组元素名和字符子串名,各项目之间用逗号间隔。

②初值表中列出要赋的值,可以是常量或符号常量,各初值之间用逗号间隔,也可以使用星号 ＊ 表示数据重复,如给具有 10 个元素的数组 a 的每个元素都赋值 1,DATA a/10＊1/。

③初值表中的项目数和常量表中的初值数量和类型必须相同。

④用 DATA 语句给多维数组赋值时,也需根据"按列存储"的原则逐次给每一列数据赋值。

⑤DATA 语句是非执行语句,需放在说明语句之后,END 语句之前的任何位置。

【举例】给变量和数组赋初值 DATA 语句赋值输出。

```
REAL a, b, c
INTEGER d(5)
CHARACTER (len＝4), DIMENSION (8) ::chn
REAL e(2,3)
DATA a, b, c/1.0, 0.0, －2.0/          ! 给变量赋值
DATA d/1,2,3,4,5/                     ! 给一维数组赋值
DATA d(3)/6/                          ! 给数组元素赋值
DATA chn/8＊'test'/                   ! 给字符串数组赋值
DATA e/2.1,1.3,2.,5.,6.4,8.9/        ! 给二维数组赋值
END
```

(5)数组赋值符给数组输入数据

在 FORTRAN 90/95 以后的语言版本中,数组可以使用数组赋值符直接给数组

进行赋值,这种赋值方法较为方便灵活,其一般形式为:

数组名(维说明符) = (/初值表/)

如:

INTEGER :: a(5) = (/1, 2, 3, 4, 5/)

它也可以出现在程序段里:

a = (/1, 2, 3, 4, 5/)

也可以结合隐含 DO 循环进行赋值:

INTEGER :: a(5) = (/(i, i =1, 5)/)

对于数组的输出方法,可以根据上述介绍的前三种数组读入方法,将 READ 语句直接更换为 PRINT 或 WRITE 语句,再结合格式输出 FORMAT 语句,可以根据程序员的需要输出数组数据。

§6.5 数组常用算法

数组是计算机编程语言的重要数据结构,熟练掌握数组的各种操作算法,不仅可以解决很多实际问题,而且可以很好地处理海量的气象数据。

(1)查找数组元素

【例 6.6】现有 20 个整数保存在一个数组中,在该数组中查找某个数,如果找到,输出该数在数组中的位置,如果未找到,则输出未找到。

N-S 流程如图 6-5 所示。

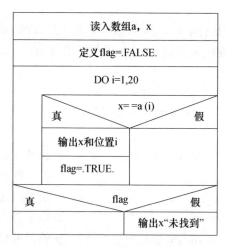

图 6-5 求等差数列和的逻辑流程图

程序代码:

```
program ex0606
```

```
implicit none
integer::a(20)=(/12,34,5,2,3,5,565,5,24,454,234,54,76,123,11,29,32,
12,3,5/)
integer x,i
logical::flag=.FALSE.
write( * , * )'Please input the number that you want to search x='
read * ,x
do i=1,20
if(x.EQ.a(i))then
write( * , * )x,'is at NO.',i,'of the array a'
flag=.TRUE.
end if
enddo
if(.not.flag) then
write( * , * )x,'未找到'
end if
end
```

输出结果:

Please input the number that you want to search x=

5

5 is at NO.	3 of the array a
5 is at NO.	6 of the array a
5 is at NO.	8 of the array a
5 is at NO.	20 of the array a

Please input the number that you want to search x=

4

4 未找到

(2)求数组的最大(小)值

【例6.7】求数组 a 的最大值和最小值及下标位置。

问题分析:

对于寻找数组的最大值或最小值问题,都是在最开始将数组的第一个元素赋值给存储最大值和最小值的变量 amax 和 amin,然后逐次与后面的数比较大小,如果后面的元素比 amax(amin)大(小),则用后面的元素替换 amax(amin)。对于二维数组的最大和最小值求解问题而言,只要分别对行和列进行循环即可。

N-S 流程如图 6-6 所示。

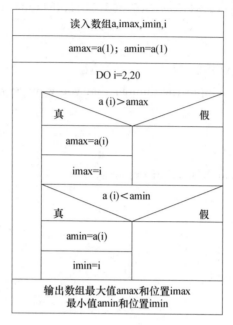

图 6-6   求等差数列和的逻辑流程图

程序代码：

```
program ex0607
implicit none
integer::a(20)=(/12,34,5,2,3,5,565,5,24,454,234,54,76,123,11,29,32,
12,3,5/)
integer i
integer amax,amin,imax,imin
amax=a(1)
amin=a(1)
do i=2,20
   if(a(i). GT. amax)then
   amax=a(i)
   imax=i
   end if
   if(a(i). LT. amin)then
   amin=a(i)
```

```
    imin＝i
    end if
enddo
write( ＊ , ＊ )'The maximum value of the array a is ',amax
write( ＊ , ＊ )'The location index of the maximum is ',imax
write( ＊ , ＊ )'The minimum value of the array a is ',amin
write( ＊ , ＊ )'The location index of the minimum is ',imin
end
```

输出结果：

The maximum value of the array a is	565
The location index of the maximum is	7
The minimum value of the array a is	2
The location index of the minimum is	4

（3）排序

【例 6.8】将数组 a(10)按从小到大的顺序进行排序。

问题分析：

(1)比较第一个元素与后面 9 个元素的大小以保证第一个元素永远是最小的值；

(2)如果相邻两个元素前后顺序不符合要求,则将两个元素互换位置；

(3)然后比较第二个元素与剩下的 8 个元素的大小,以此类推。

N-S 流程如图 6-7 所示。

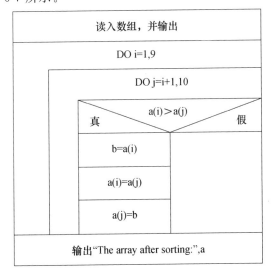

图 6-7　求等差数列和的逻辑流程图

程序代码：

```
program ex0608
parameter(N=10)
real,dimension(N)::a=(/2.3,4.4,-1.2,2.8,29.3,0.2,-18.0,-19.2,
20.2,0.0/)
real b
write(*,*)'The array before sorting:'
print 100,a
do i=1,N-1
  do j=i+1,N
    if(a(i).GE.a(j))then
      b=a(i)
      a(i)=a(j)
      a(j)=b
    endif
  enddo
enddo
write(*,*)'The array after sorting:'
print 100,a
100 format(5f7.1)
end
```

输出结果：

The array before sorting：

2.3	4.4	−1.2	2.8	29.3
0.2	−18.0	−19.2	20.2	0.0

The array after sorting：

−19.2	−18.0	−1.2	0.0	0.2
2.3	2.8	4.4	20.2	29.3

理解示意图：

原数组	第1次交换顺序后	第2次交换顺序后	第3次交换顺序后	第4次交换顺序后	第5次交换顺序后	第6次交换顺序后
2.3	−19.2	−19.2	−19.2	−19.2	−19.2	−19.2
4.4	2.3	−18	−18	−18	−18	−18
−1.2	4.4	2.3	−1.2	−1.2	−1.2	−1.2
2.8	−1.2	4.4	2.3	0	0	0
29.3	2.8	−1.2	4.4	2.3	0.2	0.2
0.2	29.3	2.8	2.8	4.4	2.3	2.3
−18	0.2	29.3	29.3	2.8	4.4	2.8
−19.2	−18	0.2	0.2	29.3	2.8	4.4
20.2	20.2	20.2	20.2	0.2	29.3	20.2
0	0	0	0	20.2	20.2	29.3

正因为每一次排序后,小数都被重新调整到前面的位置,相当于密度小体积大的气泡浮出水面,因此,这种排序方法被称作"冒泡排序法"。

(4)插入

【例 6.9】把一个数 x 插入到一个有序(升序)数组中,使得插入后的数组仍然保持有序。

问题分析:

(1)确定 x 的插入位置。假设变量 p 作为 x 应处于的数组位置下标,利用查找数据的算法找到 p 的位置;

(2)确定了 x 的插入位置后,将原来的 a(p)～a(n)元素逐次向后顺移一个位置,以便空出位置 p,将 x 放入其中。后移时应先从最后一个元素的数据往后移,然后逐渐向前,否则将会使前面的数据被覆盖掉;

(3)将 x 放入 a(p)。需要指出的是,数组 a 的大小必须至少比原有的元素个数多1,以便能存放向后移动的所有数据。

N-S 流程如图 6-8 所示。

程序代码:

```
program ex0609
implicit none
integer,parameter::n=12
integer::a(n+1)
```

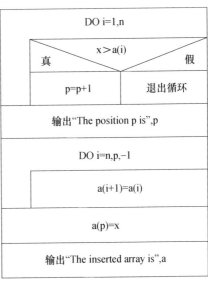

图 6-8　求等差数列和的逻辑流程图

```
integer::x,i,p=1
a(1:n)=(/1,3,5,6,7,9,10,12,19,24,29,31/)
write( * , * )'The original array is '
print 100,a(1:n)
write( * , * )'Please input the number that you want to insert x='
read * ,x
do i=1,n
  if(x. GT. a(i))then
    p=p+1
  else
    exit
  end if
enddo
write( * , * )'The position p is ',p
do i=n,p,-1
  a(i+1)=a(i)
end do
a(p)=x
write( * , * )'The inserted array is '
print 100,a
100 format(6I5)
end
```

输出结果：

The original array is

1	3	5	6	7	9
10	12	19	24	29	31

Please input the number that you want to insert x=
11

The position p is　　　　　8

The inserted array is

1	3	5	6	7	9
10	11	12	19	24	29
31					

（5）删除

【例 6.10】删除数组 a 中所有数值等于 x 的元素。

问题分析：

题目要求删除数组中所有的 x,因此,当找到第一个 x 所对应的数组元素并从后向前移动以实现删除操作后,需在此位置基础上继续向后搜寻是否仍有数值等于 x 的元素。在程序中,可以设置一个数组临时长度变量 m,每次寻找到等于 x 的数值元素并删除后,m 会自动减 1。

另外,需要考虑一种特殊情况,就是如果数组的最后一个元素也等于 x,那么可以不需要通过向前移动的删除算法操作,而是只需要 m 减 1 即可,这样程序不会输出最后一个元素。

N-S 流程如图 6-9 所示。

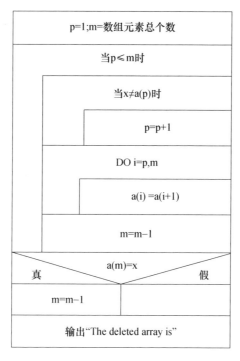

图 6-9　删除数组 a 中所有数值 x 的逻辑流程图

程序代码：

```
program ex0610
implicit none
integer, parameter::n=14
```

```
integer::m＝n
integer::a(n)＝(/1,3,12,5,6,7,9,10,12,19,24,29,12,12/)
integer::x,i,p＝1
write(＊,＊)'The original array is '
print 100,a
write(＊,＊)'Please input the number that you want to delete x＝'
read ＊,x
do while(p＜m)
  do while(x. NE. a(p))
    p＝p+1
  enddo
  do i＝p,m
    a(i)＝a(i+1)
  end do
  m＝m-1
enddo
if(a(m). EQ. x) m＝m-1
write(＊,＊)'The deleted array is '
print 100,a(1:m)
100 format(6I5)
end
```

输出结果：

The original array is

1	3	12	5	6	7
9	10	12	19	24	29
12	12				

Please input the number that you want to delete x＝

12

The deleted array is

1	3	5	6	7	9
10	19	24	29		

(6)矩阵

【例6.11】读取一个 $1×m$ 的矩阵 $A_{1×m}$ 和一个 $m×n$ 的矩阵 $B_{m×n}$ ，并计算它们的

乘积 $C_{l \times n} = A_{l \times m} \cdot B_{m \times n}$

N-S 流程如图 6-10 所示。

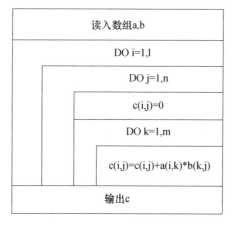

图 6-10 读取两矩阵乘积的逻辑流程图

程序代码：

```
program ex0611
implicit none
integer,parameter :: l=10,m=20,n=10
integer a(l,m),b(m,n),c(l,n)
integer i, j, k
write( * , * )'Please input values of a:'
do i = 1, l
  read( * , * ) (a(i,j), j=1,m)
end do
write( * , * )'Please input values of b:'
do i = 1, m
  read( * , * ) (b(i,j), j=1,n)
end do
do i = 1, l
  do j = 1, n
    c(i,j) = 0
    do k = 1, m
    c(i,j) = c(i,j) + a(i,k) * b(k,j)
      end do
```

```
    end do
end do
print 100,c
100 format(10I5)
end
```

§6.6　动态数组

　　前面章节介绍的数组在程序声明部分必须给定数组维数和长度,这种数组称作"静态数组",它的最大特点就是数组的大小是固定不变的。FORTRAN95 语言相比传统的 FORTRAN77 语言新增了"动态数组"功能。与静态数组相比,动态数组在声明时不分配存储单元,在程序运行时再由语句分配对应大小的内存,且大小可按需要调整。这种数据结构在处理不同长度的数组时,具有十分突出的优势。

　　例如,大学中不同年级不同班级选修的课程数目都不一样。低年级学生刚入学,选修课程数量较少,一学期只有 6 门课;对于高年级学生而言,选修课程可能增多,有 10 门课。对于高年级学生的平均成绩而言,需要声明一个数组长度为 10 的静态数组,而这一数组对于只有 6 门课程成绩的低年级学生而言则是浪费存储空间;但是,如果只声明一个长度为 6 的数组,对于高年级学生成绩来说,则空间不够用。这时,使用动态数组可以更好地解决这一问题。通常而言,动态数组常用于求解数组元素个数不确定的问题。

　　使用动态数组主要有下面 3 个步骤。

　　(1)定义动态数组。

　　(2)为动态数组分配存储空间。

　　(3)使用完动态数组之后回收其所占的内存空间。

　　➢ 动态数组的声明方式为:

　　类型说明,ALLOCATABLE::数组名 1(维说明符 1)[,数组名 2(维说明符 2),…]

　　例如:

　　real,allocatable :: a(:)——表示定义了一维实型动态数组 a。

　　integer,allocatable :: m(:,:)——表示定义了二维整型动态数组 m。

　　➢ 使用动态数组——给动态数组分配内存:

　　ALLOCATE(动态数组名 1([下界:]上界)) [,动态数组名 2([下界:]上界),…]

　　例如:

　　allocate(a(2))——给上面定义的实型动态数组 a 分配了 2 个存储单元。

allocate(a(-2:5))——给实型动态数组 a 分配了 8 个存储单元,下标为-2,上标为 5。

integer i,j

read * ,i, j

allocate(m(i,j))——由用户输入整型数组 m 的维数 i 和 j。

➢ 结束动态数组的使用——释放动态数组内存存储单元:

DEALLOCATE(动态数组名 1[,动态数组名 2,…])

例如:

deallocate(a, m)——释放上面定义的实型动态数组 a 和整型动态数组 m 的内存存储单元。

【例 6.12】利用动态数组计算列向量 m=$(1,2,\cdots,s1)^T$ 与行向量 n=$(1,2,\cdots,s2)$的乘积。

程序代码:

```
program ex0612
implicit none
real, dimension (:,:),allocatable :: dyna
integer :: s1, s2
integer :: i, j
write( * , * ) 'Enter the size of the array:'
read * , s1, s2

! allocate memory
allocate (dyna(s1,s2) )
do i = 1, s1
  do j = 1, s2
    dyna(i,j) = i * j
write( * , * ) 'darray(',i,',',j,') = ', dyna(i,j)
  end do
end do

! release the memory of dyna
deallocate (dyna)
end
```

输出结果:

Enter the size of the array：

3,4

　　darray(1 , 1) = 1.00000000

　　darray(1 , 2) = 2.00000000

　　darray(1 , 3) = 3.00000000

　　darray(1 , 4) = 4.00000000

　　darray(2 , 1) = 2.00000000

　　darray(2 , 2) = 4.00000000

　　darray(2 , 3) = 6.00000000

　　darray(2 , 4) = 8.00000000

　　darray(3 , 1) = 3.00000000

　　darray(3 , 2) = 6.00000000

　　darray(3 , 3) = 9.00000000

　　darray(3 , 4) = 12.0000000

　　为了避免出现没有给动态数组分配空间即使用的错误用法,可以通过 allocate 函数里的状态参数来判断动态数组是否已经被分配了内存空间。

【例 6. 13】利用动态数组将一批数目不确定的正整数保存在数组中。

程序代码：

```
program ex0613
integer err_mesg
real,allocatable：：dyna(：)
allocate(dyna(10), stat = err_mesg)
! 检查动态数组分配是否成功
if(err_mesg. EQ. 0) then
    print * ,'动态数组 dyna 存储单元分配成功！'
else if(err_mesg. NE. 0) then
    print * ,'动态数组 dyna 存储单元分配错误！', err_mesg
end if !
! 查看动态数组是否分配空间
if(allocated(dyna). eqv. false. )    print * ,'not allocated dyna'
if(allocated(dyna). eqv. true. )    print * ,'allocated dyna'
! 已被分配空间的数组不可重复分配
allocate(dyna(4), stat = err_mesg)
if(err_mesg. NE. 0)    print * ,'数组 dyna 已经被分配空间！'
```

！内存的释放，只有被 allocate 的内存才能用 deallocate 释放，否则报错

```
deallocate(dyna, stat = err_mesg)
if(err_mesg. NE. 0) then
print * ,'动态数组 dyna 未被释放空间！'
else if(err_mesg. EQ. 0) then
print * ,'动态数组 dyna 已经被正确释放空间！'
end if
end
```

动态数组也可用于储存剔除缺省值后的有效气象数据，如下面的例子。

【例 6.14】剔除某市 7 月相对湿度记录中的缺省值-999，并对有效记录值进行升序排列。

程序代码：

```
program ex0614
parameter(n=31)
integer::i,j, m,k,l,o,s
integer, dimension(n)::a
integer,dimension(:),allocatable::score
data a/31,28,49,-999,27,30,38,-999,44,52,51,79,72,56,51,44,50,55,
62,67,54,48,-999,42,45,46,52,48,52,72,40/
j=0
do i=1,n
  if (a(i)==-999) then
  j=j+1
  end if
end do
m=n-j
allocate(score(m))
k=1
do i=1,n
  if (a(i). NE. -999) then
  score(k)=a(i)
  k=k+1
  end if
end do
```

```
do l=1,m-1
  do o=1,m
    if (score(l)>score(o)) then
    s=score(o)
    score(o)=score(l)
    score(l)=s
    end if
  end do
end do
write(*,*)'剔除缺省值之前的湿度数组:'
write(*,*)a
write(*,*)'剔除缺省值之后并排序的湿度数组:'
write(*,*)score(:m)
deallocate(score)
end
```

程序运行结果:

剔除缺省值之前的湿度数组:

31	28	49	-999	27	30
38	-999	44	52	51	79
72	56	51	44	50	55
62	67	54	48	-999	42
45	46	52	48	52	72
40					

剔除缺省值之后并排序的湿度数组:

27	28	30	31	38	40
42	44	44	45	46	48
48	49	50	51	51	52
52	52	54	55	56	62
67	72	72	79		

§6.7　where 语句

在前面的章节中介绍 IF 语句时,知道通过 IF 语句可以对满足条件的变量赋值和运算。FORTRAN95 语言对于数组也提供了一个类似"IF"的操作,即 where 语句。where 语句只用于数组操作,也称过滤数组语句,对于数组中满足条件的元素进行整体操作。一般有 3 种格式。

➢ 逻辑 WHERE 语句

where(数组名(条件表达式))赋值语句

➢ 块 WHERE 语句

where(数组名(条件表达式))

　　赋值语句 1

elsewhere

　　赋值语句 2

endwhere

➢ 多分支 WHERE 语句

where(数组名(条件表达式 1))

　　赋值语句 1

elsewhere(数组名(条件表达式 2))

　　赋值语句 2

elsewhere(数组名(条件表达式 3))

　　赋值语句 3

⋮

elsewhere(数组名(条件表达式 n))

　　赋值语句 n

elsewhere

　　赋值语句 n+1

endwhere

例如:

(1)以整体的形式对满足条件的元素进行操作。

把数组 a 中小于 5 的元素值赋值给 b

where(a<5)

　　b=a

end where

注意:where 是用来设置数组的,所以它的模块中只能出现与设置数组相关的命令,而且在它的整个程序模块中所使用的数组变量,都必须是同样维数大小的数组。

该程序段也可以写成:where (a<5) b=a,这种用法与逻辑 IF 语句类似。

(2)配合 elsewhere 来处理条件表达式返回值为“假”的情况:

where (a<5)

```
    b=1
elsewhere
    b=2
end where
```

该程序段表示对于数组 a 中小于 5 的元素赋值为 1,其他元素赋值为 2。

where 语句还可以作多重判断,只要 elsewhere 后跟上条件表达式即可:

```
where (a<3)
    b=1
elsewhere(a>5)
    b=2
elsewhere
    b=3
end where
```

灵活使用 where 语句可以大大提高程序的运行效率,使得原本需要通过循环结构来对每个数组元素做同一个操作的程序段,简化成使用 where 语句对于满足条件的数组元素做整体操作。此外,where 语句特别适合应用于数组作为分母,但是其元素中存在 0 的运算。

【例 6.15】已知数组 a=(0,1,2,2,0)和数组 b=(10,15,18,19,14),编写程序计算数组 c=b/a。

程序代码:

```
program ex0615
integer a(5), b(5), c(5)
data a /0,1,2,2,0/
data b /10,15,18,19,14/
c=1
where(a. NE. 0) c=b/a
write( * , * ) c
end
```

输出结果为:1, 15, 9, 9, 1

【例 6.16】已知某地区 7 月的逐日静力稳定度 N^2 和风切变 dU/dz,求该月的逐日理查森数 $Ri=\dfrac{N^2}{(dU/dz)^2}$。

程序代码:

```
program ex0616
```

```fortran
implicit none
integer,parameter::n=31
real static(n), shear(n), Ri(n)
integer i
write( * , * )'请输入静力稳定度:'
read * ,(static(i),i=1,n)
write( * , * )'请输入风切变:'
read * ,(shear(i),i=1,n)
where(shear. NE. 0)
   Ri=static/shear
elsewhere
   Ri=-999.
end where
write( * , * )'理查森数=',Ri
end
```

程序分析:

在这个程序中,利用 where 语句将风切变(分母)为 0 的数组元素剔除,不参与相除运算,而将这种情况下的理查森数赋值为-999 的缺省值,这种程序书写方式,相比利用循环语句对每个数组元素进行操作要更加方便和高效。

第 7 章　函数与子例行程序

在前面的章节中,编写的程序都是只有一个主程序,所有要执行的语句都集中写在一个大程序中。这种书写方法对于篇幅较小、功能较单一的程序而言是可行的。但是,对于大型程序如数值模式(中尺度天气模式 WRF 和气候模式 CESM),多数包含成千上万个相关联的程序,写在一个程序中,一旦某个程序段出现问题,将很难进行调试维护。因此,FORTRAN 语言提供了函数与子例行程序两种子程序来实现结构化编程。

此外,在求解一个或不同问题编写程序时,同一程序或不同程序中多次重复出现相同或相似的程序代码,这个时候也可以使用子程序。

FORTRAN 的应用程序一般由一个且只有一个主程序和若干个子程序组成。主程序或子程序分别是一个独立的程序单元。主程序单元为整个程序提供程序的主干部分和各个子程序的执行入口;而子程序则完成相应的独立功能,或运算,或处理数据,或打开、关闭文件。主程序单元可以调用子程序单元,各子程序之间也可以相互调用。在 FORTRAN 语言中,子程序主要包括函数与子例行程序,进一步细分又包括编译器自带的标准库函数、标准子例行程序和用户自定义的函数与子例行程序。诸如 sin 和 cos 就是常见的标准库函数,关于 FORTRAN 编译器自带的标准库函数和子例行程序库可参见附录。

【例 7.1】利用函数求 $\sum\limits_{n=1}^{10} n!$ 。

问题分析:

这道例题曾经出现在【例 5.5】,使用一个主程序求解这一问题。事实上,计算阶乘 n! 的算法可以单独作为一个子程序进行调用,这样可以很方便地解决一类阶乘运算问题,如 $\sum\limits_{n=1}^{100} \dfrac{1}{n!}$ 和 $\prod\limits_{n=1}^{10} e^x \cdot n!$,只需要在主程序内调用计算阶乘的子程序即可。

程序代码:

```
program ex0701
implicit none
integer fact
integer::sum=0
integer::i
do i=1,10
```

```
    sum=sum+fact(i)
  end do
  write( * , * )sum
  end

  function fact(n)
    implicit none
    integer fact
    integer::n,i,y
    y=1
    do i = 1,n
      y=y*i
    end do
    fact=y
  end function fact
```

上述程序分为两个块程序,其中第一块程序被称为主程序,第二块程序称为子程序。主程序和子程序分别是各自独立的程序单元。主程序单元为 FORTRAN 应用程序提供子程序的执行语句,而子程序被主程序调用以实现程序员所需的特定功能。

在这个例子中,FUNCTION 是子程序的一种,称为函数,它相当于定义了计算阶乘的一种运算功能。下面首先介绍如何定义函数。

§7.1　函　　数

一般形式:

[类型说明] FUNCTION 函数名([虚参列表])

　　说明语句

　　执行语句

END　FUNCTION [函数名]

主程序中调用子函数的一般形式:

变量名=函数名(实参列表)

FUNCTION 语句声明了自定义的函数。函数名与变量名和数组名的命名规则一样,即必须以字母开头。在一个程序单元中,名字唯一且不能重复被其他子程序、变量或数组使用。"虚参"的全称为虚拟参数,主程序中的"实参"全称为实在参数,多个参数之间用逗号间隔。实参的个数、类型和位置顺序必须与所调用的函数子程序单元对应的虚参一致。实参名称与虚参名称可以相同,也可以不同。

实参相当于主程序通往子程序的入口,而虚参则是子程序返回主程序的出口,在子函数被主程序调用之前,虚参没有数值,只有当子函数被调用后,实参和虚参发生联系,称作"虚实结合"。以【例 7.1】为例,fact 是函数名,主程序中的变量 i 是实参,而函数中的 n 是虚参。当函数被调用后,主程序通过实参 i 将 1~10 逐次传递给虚参 n,然后在函数内部分别计算 1~10 的阶乘。需要注意的是,尽管函数内也使用了变量名 i,但是它与主程序里的 i 没有任何关系。这说明子程序的变量只有在该子程序被调用期间才具有数值,而且变量的使用范围也仅限于该子程序内。子程序中的变量在子程序的使用过程中,只有通过"虚实结合"和公用区的方式,主程序和子程序内的变量才能产生联系。另外,在下次再调用子程序时,会重新给虚参和子程序内部的变量分配新的存储单元,而之前调用时虚参和子程序变量的数值就不存在了。调用函数的执行步骤总结如下。

(1)在主程序中,如果实参是由表达式形式给出的,将需先计算实参值。

(2)将实参值传递给对应的虚参,即"虚实结合"。

(3)执行函数程序单元,计算函数值,将函数值赋给函数名。

(4)通过函数名将函数值返回调用函数单元的主程序表达式中。

【例 7.2】已知 9 月 10 个城市的日平均气温序列,利用函数方式编写程序求解每个城市的 9 月平均气温、最高气温和最低气温。

问题分析:

如果简单的利用之前介绍过的循环算法和数组查找算法求解每个城市的平均气温和极值气温,则需书写 10 遍一样的程序。这里,可以使用函数定义平均函数 avg,最大值函数 max 和最小值函数 min,然后分别调用 10 次求解。

程序代码:

```
program ex0702
    implicit none
    external calavg,calmax,calmin
    integer,parameter::n=10
    real calavg,calmax,calmin
    real temp(n,30),tavg(n),tmax(n),tmin(n)
    integer i,j
    do i=1,n
       read(*,*)(temp(i,j),j=1,30)
    enddo
    do i=1,n
```

```
        tavg(i)=calavg(temp(i,:),30)
        tmax(i)=calmax(temp(i,:),30)
        tmin(i)=calmin(temp(i,:),30)
    enddo
    write(*,*)'10 个城市的 9 月平均气温:',(tavg(i),i=1,10)
    write(*,*)'10 个城市的 9 月最高气温:',(tmax(i),i=1,10)
    write(*,*)'10 个城市的 9 月最低气温:',(tmin(i),i=1,10)
end


function calavg(a,m)
    implicit none
    integer m,i
    real::a(m),sum
    real calavg
    sum=0.
      do i=1,m
        sum=sum+a(i)
      enddo
      calavg=sum/m
end function calavg


function calmax(a,m)
    implicit none
    integer m,i
    real a(m)
    real calmax
    calmax=a(1)
    do i=2,m
      if(calmax. LT. a(i))then
        calmax=a(i)
      end if
    enddo
end function calmax
```

```
function calmin(a,m)
  implicit none
  integer m,i
  real a(m)
  real calmin
  calmin=a(1)
  do i=2,m
    if(calmin. GT. a(i))then
      calmin=a(i)
    end if
  enddo
end function calmin
```

【说明】

本例题中的实、虚参数为数组,在虚参中只需书写数组名。实参传递了一维数组,关于数组作为子程序参数传递的详细内容将在 7.3 节中作详细介绍。

主程序单元中的 EXTERNAL 语句是用以声明子函数 calavg,calmax 和 calmin 是一个外部子程序。所谓外部子程序,指的是子程序位于主程序的外部。在 FOR-TRAN 90/95 语言中,还可以将子程序包含在主程序内,即在 END 语句之前,被称作内部子程序,此时需要使用 CONTAINS 语句,如将 calavg 函数包含在主程序内:

```
program ex0702
  implicit none
  integer,parameter::n=10
  real temp(n,30),tavg(n)
  integer i,j
  do i=1,n
    read(*,*)(temp(i,j),j=1,30)
  enddo
  do i=1,n
    tavg(i)=calavg(temp(i,:),30)
  enddo
  write(*,*)'10 个城市的 9 月平均气温:',(tavg(i),i=1,10)
contains
function calavg(a,m)
  implicit none
```

```
      integer m,i
      real a(m),sum
      real calavg
      sum=0.
      do i=1,m
        sum=sum+a(i)
      enddo
      calavg=sum/m
   end function calavg
   end program
```

请注意,在外部子程序的书写过程中,需要在主程序的声明语句部分声明 calavg 为外部函数,而且需要指定 calavg 的返回值类型。而当书写内部子程序时,主程序中的 EXTERNAL 语句不再需要。

§7.2　子例行程序

函数可以求得一个函数值。子例行程序可以求得一个值,也可以求得多个值或不求值而执行某种操作,具有更广泛的用途。FORTRAN 语言提供了子例行程序 SUBROUTINE。其一般形式为:

SUBROUTINE　子例行程序名([虚参列表])

　　　　说明语句

　　　　执行语句

END　SUBROUTINE [子例行程序名].

主程序中调用子例行程序的一般形式:

CALL 子例行程序名(实参列表)　　　! 带参调用语句

或:CALL 子例行程序名　　　　　　　! 无参调用语句

调用子例行程序的执行步骤如下。

(1)在主程序中,如果实参是由表达式形式给出的,将需先计算实参值。

(2)将实参值传递给对应的虚参,即"虚实结合"。

(3)执行子例行程序单元,完成子例行程序中的各执行语句。

【例 7.3】将【例 7.2】改写成子例行程序形式。

程序代码:

```
program ex0703
  implicit none
  external calavg,calmax,calmin
```

```fortran
      integer,parameter::n=10
      real temp(n,30),tavg(n),tmax(n),tmin(n)
      integer i,j
      do i=1,n
        read( * , * )(temp(i,j),j=1,30)
      enddo
      do i=1,n
        call calavg(temp(i,:),30,tavg(i))
        call calmax(temp(i,:),30,tmax(i))
        call calmin(temp(i,:),30,tmin(i))
      enddo
      write( * , * )'10 个城市的 9 月平均气温:',(tavg(i),i=1,10)
      write( * , * )'10 个城市的 9 月最高气温:',(tmax(i),i=1,10)
      write( * , * )'10 个城市的 9 月最低气温:',(tmin(i),i=1,10)
    end

    subroutine calavg(a,m,x)
      implicit none
      integer m,i
      real a(m),sum,x
      sum=0.
      do i=1,m
        sum=sum+a(i)
      enddo
      x=sum/m
    end subroutine calavg

    subroutine calmax(a,m,x)
      implicit none
      integer m,i
      real a(m),x
      x=a(1)
      do i=2,m
        if(x. LT. a(i))then
```

```
      x=a(i)
    end if
  enddo
end subroutine calmax


subroutine calmin(a,m,x)
  implicit none
  integer m,i
  real a(m),x
  x=a(1)
  do i=2,m
    if(x. GT. a(i))then
      x=a(i)
    end if
  enddo
end subroutine calmin
```

【例 7.4】将数组排序法的程序改写成子例行程序形式。

程序代码：

```
program ex0704
  implicit none
  external sort
  integer,parameter::N=10
  real,dimension(N)::ain=(/2.3,4.4,-1.2,2.8,29.3,0.2,-18.0,-19.2,
20.2,0.0/),aout
  write( * , * )'The array before sorting:'
  print 100,ain
  call sort(ain,aout)
  write( * , * )'The array after sorting:'
  print 100,aout
  100 format(5f6.1)
end


subroutine sort(ain,aout)
  integer,parameter::N=10
```

```
      real ain(N),aout(N)
      real tmp
      do i=1,N-1
        do j=i+1,N
          if(ain(i).GE.ain(j))then
            tmp=ain(i)
            ain(i)=ain(j)
            ain(j)=tmp
          endif
        enddo
      enddo
      do i=1,N
        aout(i)=ain(i)
      enddo
    end subroutine sort
```

输出结果：

The array before sorting：

2.3	4.4	-1.2	2.8	29.3
0.2	-18.0	-19.2	20.2	0.0

The array after sorting：

-19.2	-18.0	-1.2	0.0	0.2
2.3	2.8	4.4	20.2	29.3

程序分析：

该程序只需要对数组进行排序操作，然后将排序后的结果通过"虚实结合"的方式返回主程序中的实参数组，而不需要像函数那样，返回一个数值。因此，该程序采用子例行程序进行编写。

§7.3 函数与子例行程序的比较

（1）两者均为独立的程序单元。它们分别以各自的声明语句开始，以 END 语句结束，并拥有各自特征的子程序体。

（2）函数子程序单元只能计算一个函数值；子例行程序单元则不仅可以计算一个或一批值，还可进行某些非数值处理，故子例行程序单元具有更广泛的用途。

（3）在函数子程序体中，由于用函数名存放函数值，故函数名具有类型；而由于

子例行程序的计算结果均存放在虚参表中,故子例行程序名既不存放数值也没有
类型。

(4)在函数子程序体中,必须给函数名赋值;在子例行程序体中,则不允许给子
例行程序名赋值。

(5)函数用"函数名(实在参数表)"或"函数名( )"的形式调用,即函数的调用位
于表达式中;而子例行程序则以 CALL 语句调用,即"CALL 子例行程序名(实在参
数表)"或"CALL 子例行程序名"。

但是,函数和子例行程序都服从如下规则:

(1)函数和子例行程序中用到的所有变量,在被调用前一般没有确定的存储单
元,只有当子程序被调用时才临时分配存储单元;在退出子程序时,这些存储单元即
被释放并被重新分配另做他用。

(2)函数和子例行程序中的变量生存期仅局限在该子程序被调用期间,而变量
的使用范围也局限在该子程序的范围之内。

(3)函数和子例行程序中的变量名可以与其他程序单元的变量名相同,但是意
义不尽相同。

§7.4　虚实结合

"虚实结合"指的是主程序在调用子程序时,将实参传递给虚参的过程,这是不
同程序单元数据传递的主要方式。数据传递的方式分为:地址传递(也叫引用传递)
和值传递。地址传递是当主程序在调用子程序时,将实参的地址传递给虚参,使实
参和虚参拥有相同的内存地址。子程序对虚参的操作和运算就是对主程序中实参
的操作和运算,虚参数值的变化都会导致对应实参数值的改变。相比之下,值传递
要更为简单,只是将实参存储的数值传递给虚参,虚参改变后,实参的数值不会变
化。一般而言,虚参可以为变量、数组、子程序名和星号。下面将重点介绍虚参是变
量、数组和子程序名时虚实结合的情况。

7.4.1　变量作为虚参

变量作为虚参时,主程序调用子程序时的实参可以是同类型的常量、表达式、变
量或数组元素。当实参是常量和表达式时,数据采用的是值传递方式。当实参是变
量和元素时,采用的是地址传递方式。

【例 7.5】虚参是变量,实参是变量。

程序代码:

```
program ex0705
real a,b,c
```

```
a=1.
b=2.
write(＊,＊)"主程序内调用前:","a=",a,"b=",b
c=plus(a,b)
write(＊,＊)"主程序内调用后:","a=",a,"b=",b
end


function plus(x,y)
real x,y
write(＊,＊)"子程序内操作前:","x=",x,"y=",y
x=x+1
y=y+2
write(＊,＊)"子程序内操作后:","x=",x,"y=",y
end function plus
```

输出结果：

主程序内调用前:a=	1.000000	b=	2.000000
子程序内操作前:x=	1.000000	y=	2.000000
子程序内操作后:x=	2.000000	y=	4.000000
主程序内调用后:a=	2.000000	b=	4.000000

【说明】当主程序调用子程序后,实参将所存储的数值传递给虚参,使得虚参也获得相同的数值。而当子程序完成对虚参的运算操作后,虚参的数值发生变化,本例中数据传递采用的是地址传递,在虚实结合后,虚参的数值发生变化后,实参的数值也要发生相应的调整。

【例 7.6】虚参是变量,实参是数组元素。

程序代码：

```
program ex0706
real::a(2)=(/1,2/)
write(＊,＊)"主程序内调用前:","a1=",a(1),"a2=",a(2)
c=plus(a(1),a(2))
write(＊,＊)"主程序内调用后:","a1=",a(1),"a2=",a(2)
end


function plus(x,y)
real x,y
```

write(＊ , ＊)"子程序内操作前:","x＝",x,"y＝",y

x＝x＋1

y＝y＋2

write(＊ , ＊)"子程序内操作后:","x＝",x,"y＝",y

end function plus

输出结果:

主程序内调用前:a1＝　　1.000000　　　a2＝　　2.000000

子程序内操作前:x＝　　1.000000　　　y＝　　2.000000

子程序内操作后:x＝　　2.000000　　　y＝　　4.000000

主程序内调用后:a1＝　　2.000000　　　a2＝　　4.000000

【说明】与实参为变量的【例7.5】一样,当主程序调用子函数发生虚实结合后,虚参的数值发生变化时,实参的数值也要进行相应改变。

7.4.2 数组作为虚参

当数组(一般是数组名)作为虚参时,主程序调用子程序时的实参可以是同类型的数组名或数组片段。此时,实参和虚参之间采用地址传递的方式实现数据传递。需要注意的是,实参数组和虚参数组可以有不同的维数和不同的长度。其虚实结合的原则是将参与传递的实参数组(片段)的第一个数组元素的地址传递给虚参数组,使得实参数组的第一个元素与虚参数组的第一个元素共同占有同一存储单元;然后,实参和虚参数组中的后续元素按其在内存的排列顺序依次结合。将分以下情形讨论。

(1)实参是与虚参具有相同维数和相同长度的数组名

【例 7.7】已知数组 a＝(1,2,3,4,5),用子程序方式赋值给数组 b。

```
program ex0707
integer::a(5)＝(/1,2,3,4,5/)
call test(a)
end

subroutine test(b)
integer b(5)
write( ＊ , ＊ )'子程序内数组 b＝'
print 100,b
100 format(5I4)
end subroutine test
```

输出结果：

子程序内数组 b＝

    1   2   3   4   5

程序分析：

如果实虚参数组的维数和长度均相同,此种情形下数值传递较为简单,实参和虚参数组的第一个元素地址单元共用,将实参数组在内存中存储的元素一一对应传递给虚参数组的元素。一维数组的传递情况如图 7-1 所示。

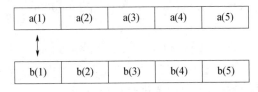

图 7-1　实、虚参数组元素个数相同时的"虚实结合"示意图

(2)实参是与虚参具有相同维数但是长度不同的数组名

【例 7.8】已知数组 a＝(1,2,3,4,5), b 数组长度为 4,用子程序方式将数组 a 赋值给数组 b。

```
program ex0708
integer::a(5)＝(/1,2,3,4,5/)
call test(a)
end

subroutine test(b)
integer b(4)
write( * , * )'子程序内数组 b＝'
print 100,b
100 format(5I4)
end subroutine test
```

输出结果：

子程序内数组 b＝

    1   2   3   4

程序分析：

由于实参数组长度大于虚参数组长度,实参数组 a 的第一个元素与虚参数 b 的第一个元素结合后,实、虚参数组往后的元素一一对应直到 a(4),多余的实参数组元素不参与地址传递(图 7-2)。

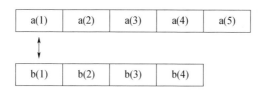

图 7-2　实参数组元素个数多于虚参数组元素个数时的"虚实结合"示意图

【例 7.9】已知数组 a＝(1,2,3,4,5)，b 数组长度为 6，用子程序方式将数组 a 赋值给数组 b。

```
program ex0709
integer：：a(5)＝(/1,2,3,4,5/)
call test(a)
end


subroutine test(b)
integer b(6)
write( ＊ , ＊ )'子程序内数组 b＝'
print 100,b
100 format(6I4)
end subroutine test
```

输出结果：

子程序内数组 b＝

　　1　　2　　3　　4　　5　　0

程序分析：

与【例 7.8】比较，此例中的虚参数组 b 长度超过实参数组 a 的长度，因此，当数组 a 的所有元素将数据一一传递至数组 b 的前 5 个元素后，b 的最后一个元素并未得到实参的数据传递，而是数组 b 的默认初始值 0(图 7-3)。需要指出的是，在实际编写程序时，应该避免出现虚参数组长度与实参数组长度不相同的情形，否则，容易出错。

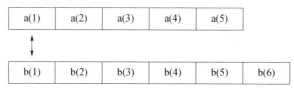

图 7-3　实参数组元素个数少于虚参数组元素个数时的"虚实结合"示意图

（3）实参是与虚参具有不同维数的数组名

【例7.10】已知数组 a 是一个 2 行 5 列的二维数组，而 b 是长度为 6 的一维数组，用子程序方式将数组 a 赋值给数组 b。

```
program ex0710
integer::a(2,5)
DATA a/1,2,3,4,5,6,7,8,9,10/
call test(a)
end

subroutine test(b)
integer b(6)
write(*,*)'子程序内数组 b='
print 100,b
100 format(6I4)
end subroutine test
```

输出结果：

子程序内数组 b=

　　　1　　2　　3　　4　　5　　6

程序分析：

对于实参为多维数组，而虚参为一维数组，或者实参为一维数组，而虚参为多维数组的情况，都需根据"按列存储"的规则将所有多维数组转换成内存中的存储排列顺序，然后一一对应进行数据（地址）传递（图7-4）。

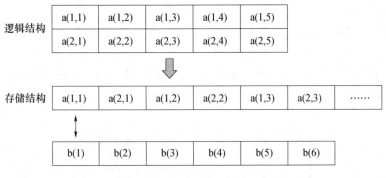

图 7-4　实、虚参数组维数不同时的"虚实结合"示意图

（4）实参和虚参都是字符型数组

当实参和虚参都是字符型数组时，它们按照字符位置一一对应相结合。虚实结

合时,实参、虚参数组的维数和元素字符长度均可不同,但是应该尽量保证实参的总字符长度大于等于虚参,否则虚参可能出现随机字符。

【例 7.11】实参为字符数组或字符数组元素。

程序代码:

```
program ex0711
character * 5 ch(5)
data ch/'12345','BBBBB','CCCCC','DDDDD','EEEEE'/
call sub(ch)
contains
subroutine sub(b)
character * 4 b(5)
write( * ,100)(b(i),i=1,5)
100 format(1x,'',A)
end subroutine sub
end
```

输出结果:

```
    1234
    5BBB
    BBCC
    CCCD
    DDDD
```

程序分析:

实参数组和虚参数组并非按数组元素的顺序一一对应相结合,而是按照字符位置相结合(图 7-5)。

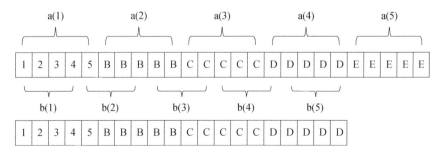

图 7-5 字符数组作为参数时“虚实结合”的示意图

7.4.3 子程序名作为虚参

在 FORTRAN 语言中,还可以将子程序作为参数传递给另外一个子程序,这时有两种情况,一种是用户自定义的子程序,另一种则是编译系统自带的标准库函数或子例行程序。前者需要在主程序单元中使用 EXTERNAL 语句声明用户自定义函数;否则,程序会误认为是变量,而后者则需要用 INTRINSIC 语句。

【例 7.12】设计和编写计算标准偏差的外部函数。

程序代码:

```
program ex0712
external ave,dev
real::a(5)=(/1,2,3,4,5/)
c=dev(a,ave)
write( * , * )'std=',c
end


function dev(x,ave)
  real x(5),sum1
  avg=ave(x)
  sum1=0.
  do i=1,5
    sum1=sum1+(x(i)-avg) * * 2/5.
  enddo
  dev=sqrt(sum1)
end function dev


function ave(x)
  real x(5),sum2
  sum2=0.
  do i=1,5
    sum2=sum2+x(i)/5.
  end do
  ave=sum2
end function ave
```

【说明】主程序调用的计算标准差的 dev 程序需要使用用户自定义的求平均数

的函数(ave)。需要注意的是,必须提前用 EXTERNAL 语句声明。

【例 7.13】将标准库函数 sin 作为虚参传递。

程序代码:

```
program ex0713
intrinsic sin
real triangle,y1
y1=triangle(60.0,sin)
write( * , * )'y1=',y1
end


function triangle(deg,fun)
real triangle,deg,fun
triangle=fun(deg * 3.1415926/180. )
end function triangle
```

【说明】该程序将标准库函数 sin 作为实参名进行传递,需要在主程序开始程序段用 INTRINSIC 语句声明。

7.4.4　星号作为虚参

FORTRAN95 语言允许使用星号作为虚参,其返回值并非数值和函数值,而是某一具体操作,即对应的实参是一个可执行语句的语句标号,根据不同的语句标号执行不同的操作。在子程序中的 RETURN 语句则根据不同的条件判断返回到主程序的哪一个实参,执行哪些操作。

【例 7.14】循环输入 a, b,若 b 不为 0,则计算 a/b,并输出,否则结束计算。

程序代码:

```
program ex0714
real a,b,x
do
   write( * , * )'please input number'
   read * ,a,b
   call sub(a,b,x, * 100, * 200)
100   print * ,a,b,x
enddo
200   write( * , * )'program end, error! '
contains
```

```
subroutine sub(a,b,x, * , * )
    real a,b,x
    if(b/=0)then
        x=a/b
        return 1
    else
        return 2
    end if
end subroutine sub
end
```

【说明】上述程序的功能是当 b 不等于 0 时,程序返回执行第一个虚参对应的实参标号语句,即 * 100 对应的语句——输出 a,b 和 x 的数值;否则,程序返回执行第二个虚参对应的实参标号语句,即 * 200 对应的语句——程序输出错误报告。

§7.5　程序举例

【例 7.15】利用子程序方法计算兰州 2010 年 7 月和 8 月气温相比气候平均态(已知兰州 7 月、8 月气温的气候平均值)的异常值和 2 个月的气温的相关系数。

程序代码:

```
program ex0715
    implicit none
    real T7(31),T8(31),T7anom(31),T8anom(31)
    real T7clm,T8clm,r
    external input,monanom,cor
    real cor
    call input(T7,T8)
    write( * , * )'请输入兰州 7 月气候平均温度:'
    read * ,T7clm
    write( * , * )'请输入兰州 8 月气候平均温度:'
    read * ,T8clm
    call monanom(T7,T7clm,T7anom)
    call monanom(T8,T8clm,T8anom)
    r=cor(T7anom,T8anom)
    write( * , * )'相关系数=',r
end program ex0715
```

```fortran
! Input data subroutine
subroutine input(T7,T8)
  implicit none
  integer i
  real T7(31),T8(31)
  write( * , * )'请输入兰州 7 月的温度值:'
  do i=1,31
    read * ,T7(i)
  enddo
  write( * , * )'请输入兰州 8 月的温度值:'
  do i=1,31
    read * ,T8(i)
  enddo
end subroutine input
! Caculate monthly anomaly
subroutine monanom(T,Tclm,Tanom)
  implicit none
  integer i
  real T(31),Tclm,Tanom(31)
  do i=1,31
    Tanom(i)=T(i)-Tclm
  enddo
end subroutine monanom
! Calculate mean value and variance
subroutine meanvar(T,ave,std,var)
  implicit none
  real T(31)
  real ave,std,var
  integer i
  do i=1,31
    ave=ave+T(i)
  enddo
  ave=ave/31
  do i=1,31
```

```
      var＝var＋(T(i)－ave)＊＊2
   enddo
   var＝var/31
   std＝sqrt(var)
end subroutine meanvar
! Caculate correlation coefficient
function cor(T1,T2)
   implicit none
   real T1(31),T2(31)
   real ave1,ave2,std1,std2,var1,var2,s,cor
   integer i
   call meanvar(T1,ave1,std1,var1)
   call meanvar(T2,ave2,std2,var2)
   do i=1,31
      s＝s＋(T1(i)－ave1)＊(T2(i)－ave2)
   enddo
   s＝s/31
   cor＝s/(std1＊std2)
end function cor
```

§7.6　递归子程序

　　理解递归子程序首先要理解递归调用的概念。递归调用是一种特殊的嵌套调用，是某个函数调用其本身或者是调用其他函数后再次调用其本身。只要函数之间互相调用能产生循环的操作叫作递归调用，递归调用既是一种解决方案，也是一种逻辑思想，它是将一个大工作逐渐分解为一个个小工作。例如一个人要把厚厚的叠在一块的 100 张白纸分开，他可以先把上面的 99 张白纸分走，那么最后 1 张白纸就相当于被分开了；而对于那被取走的 99 张白纸，只要拿走上面的 98 张白纸就相当于分开了下面的 1 张；以此类推，做 99 次这样的操作，100 张白纸就被分开了。像这种分走上面的白纸和最底下一张白纸的操作就可以简单地理解成递归思想。而在主程序中调用这样一种递归操作，就是递归子程序。

　　递归子程序可以分为递归函数和递归子例行程序。最能体现递归调用思想的算法就是阶乘算法。根据阶乘关系式(n+1)! ＝n! ＊(n+1)，等号左右两边都有阶乘运算，因此，可以把这种运算符改写成函数或子例行程序，即在计算等号左边的阶乘运算时相当于调用了等号右边的阶乘运算。

➢ 递归函数的一般形式为：

RECURSIVE FUNCTION 函数名([虚参列表])[RESULT(函数结果名)]

    说明语句

    执行语句

END FUNCTION [函数名]

【说明】

从上面的书写格式中可以看出，递归函数的标志就是在 FUNCTION 前面加一个 RECURSIVE 关键字。如果在主程序中直接调用递归函数，则需要在 FUNC-TION 语句后面加一个 RESULT 子句。

【例 7.16】用递归子函数改写阶乘运算。

程序代码：

```
program ex0716
integer f,n,fact
external fact
write( * , * )'input n'
read * ,n
f=fact(n)
write( * , * )'factorial=',f
end program


recursive function fact(i)result(f)
implicit none
integer f,i
if(i. EQ. 1)then
    f=1
else
    f=fact(i-1) * i
endif
end function fact
```

➢ 递归子例行程序的一般形式为：

RECURSIVE SUBROUTINE 函数名([虚参列表])

    说明语句

    执行语句

END SUBROUTINE [函数名]

【例 7.17】用递归子例行程序改写阶乘运算。

程序代码：

```
program ex0717
integer f,n
external fact
write( * , * )'input n'
read * ,n
call fact(f,n)
write( * , * )'factorial＝',f
end


recursive subroutine fact(f,i)
implicit none
integer f,i
if(i. EQ. 1)then
    f＝1
else
    call fact(f,i－1)
    f＝f * i
endif
end subroutine fact
```

§7.7　语句函数

代数中,常用 f(x)表示函数,实际上 f(x)代表着一种运算规则,对于计算机而言,则代表的是一种算法。如 $f(x)＝x^2＋x＋1$ 就是计算一元二次多项式的算法。FORTRAN 语言定义了一种语句函数,专门用来简便地描述 f(x)函数规则。语句函数是用户自己在程序中定义的函数,必须用一条语句书写。

语句函数属于说明语句,它只能出现在说明部分,在表达式中通过调用执行。

尽管语句函数具有简洁、直观和高效等特点,但是由于语句函数在程序说明部分中定义,容易与其他说明语句混淆,因此,FORTRAN95 语言不提倡使用语句函数。

语句函数的写法很像多项式函数的书写方法,其一般形式如下：

$$f(x_1, x_2, x_3, \cdots, x_n)＝e$$

其中,f 称为函数名,$x_1, x_2, x_3, \cdots, x_n$ 为虚参列表,e 是关于虚参的一个有效表达式。

语句函数调用的规则是:只要当语句函数被定义,即可在同一程序单元中调用该语句函数,调用的方法与标准库函数相同,一般形式如下。

返回值＝函数名(实参列表)

【例 7.18】利用语句函数计算 x＝1 和 x＝2 时的 $x^2＋x＋1$。

程序代码:

```
program ex0718
integer f,x
f(x)=x* *2+x+1
write( * , * ) f(1),f(2)
end
```

运行结果为:

　　3　　　7

上述程序相当于计算了 $f(1)=1^2+1+1=3$ 和 $f(2)=2^2+2+1=7$。

【例 7.19】利用语句函数定义将角度转化为弧度的公式,并计算 $67°45'57''$ 的弧度值和它的余弦值。

程序代码:

```
program ex0719
! 角度转弧度
F(i,j,k)=3.1415926 * (i+j/60.+k/3600.)/180.
X=F(67,45,57)
result=cos(X)
write( * , * )'67°45′57″的余弦值为',result
end
```

运行结果为:

$67°45'57''$ 的余弦值为　0.3783930

使用语句函数时需要注意以下事项。

(1)语句函数名的命名规则与变量名的命名规则相同,遵从 I—N 隐含规则,如 f(x,y)＝x＋y 定义了一个实型语句函数 f,而 nf(x,y)＝x＋y 虽然有与前面函数一样的虚参表达式,但是默认返回值是一个整型常量。

(2)语句函数名不能与本程序单位中的任何其他名字(如变量名、数组名、子程序名和其他语句函数名等)同名。

(3)同一语句函数中的虚参不能同名。如果没有虚参,一对括号不能省略,引用时也不标明相应实参。

(4)语句函数中的虚参在调用之前不代表任何值,如 $f(x,y)=x^2+x*y+y^2$ 和 f

$(a,b)=a^2+a*b+b^2$ 是等价的。

（5）语句函数定义语句的虚参应是变量名，不能是常量、表达式和数组元素。

（6）语句函数调用时，实参应是与虚参类型相同的常量、有确定值的变量或表达式。

（7）只有当函数关系式简单到可以用一条语句描述函数与参数的对应关系时，才能使用语句函数。

第8章 文　件

第六章介绍数组的输入和输出时,都通常从键盘输入数据再将数据输出到屏幕。但是,这样的输入输出方法很不方便,因为,每次输入一个数据,都需要从键盘上敲入一个数。而气象数据往往都是成千上万的海量数据,通过键盘人工录入数据很容易出错,而且一旦出错,不易修改。因此,对于大气科学而言,专门的数据存储载体对于编程批量解决数据处理问题非常重要。文件就是这样一种非常有效便捷的数据载体。

§8.1　文件的结构

FORTRAN 中的文件由一条或多条记录组成,是记录的序列。每个文件都有一个隐含的指针,称为文件指针,它指向文件中的一个记录,来控制文件的当前读写位置。文件打开后,文件指针指向第一个记录,称为文件的起始位置;文件指针指向的记录称为当前记录,读写文件数据只对当前记录进行操作;而当指针指向最后一个记录时,则称为文件的结束位置。

一个文件包含多个记录,而一个记录又包含多个数据项(或者称字段)。在对文件进行操作时是以记录为单位的。文件、记录、字段之间的关系如图 8-1 所示。

记录 →					
08031	12.6	56	992.6	3.5	10.2
07146	14.2	58	1000.2	1.5	0.0
05302	9.8	30	860.2	10.2	0.0
03120	15.6	60	1010.2	0.2	0.0

字段　　　　　　　　　　　　　　　文件

图 8-1　文件、记录和字段关系图(以有格式顺序存取文件为例)

上图中所示的文件共有 4 条记录。每条记录有 6 个字段(数据项)。每个记录都有一定的长度,记录的长度为所有字段所占空间的大小之和。

按照数据的存储格式的不同,文件一般可以分为 3 类:有格式文件、无格式文件和二进制文件。

有格式文件,又称作文本文件,通常是以 ASCII 码的形式存取数据,一般使用的记事本、写字板和 Office 等软件可以直接查看文件中的数据内容。以 ASCII 码编写的有格式文件中,通常以 ASCII 码的回车符(CR)和换行符(LF)作为每条记录结束的标志,但是,记录中的 CR 和 LF 字符并不出现在用户读取的文本文件中,而只是被编译系统所识别。如图 8-2 所示。

ex0801 - 记事本

文件(F)	编辑(E)	格式(O)	查看(V)	帮助(H)	
08031	12.6	56	992.6	3.5	10.2
07145	14.2	58	1000.2	1.5	0.0
05302	9.8	30	860.2	10.2	0.0
03120	15.6	60	1010.2	0.2	0.0

图 8-2　有格式顺序存取文件示意图

无格式文件中的数据以二进制形式存放。对于无格式文件而言,记事本和写字板等软件除了能看到文件中一些字符和乱码外,无法直接读取里面的数据,对于用户而言,并不直观。但是无格式文件的数据由于采用二进制编写,因此可以直接被电脑读取而无须转化,存取速度相比有格式文件更快,具有更高的运算效率。本节将重点介绍有格式文件和无格式的存取。

还有一种数据格式文件叫作二进制文件,顾名思义,它也是用二进制形式存储数据,但是相比无格式文件而言,二进制文件数据以真正的二进制编码形式(即在内存中的存储形式)存放,没有记录的概念,而是紧凑地存储数据,如图 8-3 所示。因此,在存储相同数据和数据类型的情况下,二进制文件是占用内存最小的一种文件类型,并且读写速度最快。

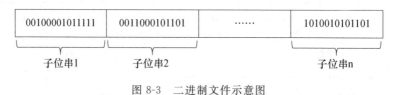

图 8-3　二进制文件示意图

§8.2　文件的存取方式

文件的存取方式指的是对文件中数据的读写操作方式,在 FORTRAN 语言中,文件的存取方式常分为顺序存取和直接存取两种。

（1）顺序存取是指将文件中的记录按其建立的时间先后顺序顺次进行读写操作的方式。因此，对于顺序存储方式而言，文件中记录的逻辑顺序与存储顺序相一致。顺序存取的文件中不同的记录长度可以不相同。

（2）直接存取是指可以从文件中的任意记录字段直接进行读写操作的方式。与顺序存取文件不同的是，直接存取方式创建的文件中的每个记录长度必须相同。因此，当读取直接存取文件时，可以直接用记录号读取文件中特定的记录。

§8.3 主要的文件操作语句

从文件读取数据和向文件写入数据都需要先使用特定的语句打开文件，然后通过 READ/WRITE 语句对文件进行读写操作，最后为了保证文件在使用后正常关闭，还需使用特定的文件关闭语句（CLOSE）。以上操作是读写文件的必要操作。

8.3.1 文件打开语句（OPEN）

在 FORTRAN 语言中，打开文件使用 OPEN 语句。打开文件的过程本质上是把逻辑设备的设备号与外部文件（有格式文件、无格式文件和二进制文件）建立联系。当这种联系建立后，逻辑设备号在程序中就代表了对应的文件。这类似于去机场乘坐飞机，需要到特定的登机口才能搭乘特定的航班。

OPEN 语句及其常用的参数形式如下。

OPEN（[UNIT=]设备号[，FILE=文件名][，STATUS=文件属性][，AC-CESS=存取方式][，FORM=记录格式][，RECL=记录长度][，ACTION=读写方式][，ERR=错误操作语句][，IOSTAT=I/O 状态]）

一般情况下，除了 UNIT 选项不可以缺省外，其余选项均可省略。各项的具体含义如下。

（1）UNIT 选项

使用 UNIT 选项为文件指定一个特定的设备号，如 UNIT=u，此处的 u 就是一个设备号，是一个正整数，可以是整型常量或变量，它与程序中的 WRITE 或 READ 语句中指定的设备号相同。其取值一般会尽量避免使用 1,2,5,6 这几个数字，因为 2,6 是默认的输出设备即屏幕，而 1,5 则是默认的输入设备即键盘。如果此说明符是 OPEN 语句的第一个说明符时，关键字"UNIT="可以省略。在一个 OPEN 语句中，只能包含一个设备号，也就是说，一条 OPEN 语句只对应于一个文件。

（2）FILE 选项

FILE=fn，这里的 fn 是字符串表达式，代表文件名。文件名可以包含文件的完整路径（又称作绝对路径），如：

OPEN（UNIT=10，FILE='D:\file.dat'）表示的是，打开 D 盘下文件名为

'file. dat'的文件,并将设备号 10 赋给该文件作为通道号。

如果未给定文件所在的绝对路径,则说明该文件存在于程序的工作目录下。

(3)STATUS 选项

该选项是用来指定文件状态属性的,是一个字符串表达式。它有以下 5 种赋值。

STATUS='OLD'——表示需要打开的'FILE=fn'参数对应的文件已经存在,如果文件不存在,编译系统会提示 I/O(输入/输出)错误。该选项一般用于读操作,用于写操作时,则会重写记录或追加记录。

STATUS='NEW'——如果'FILE=fn'参数对应的文件不存在的话,OPEN 语句执行后,将会在对应的路径下创建该文件,同时文件状态属性改为 OLD。如果'FILE=fn'参数对应的文件已经存在,则程序会提示 I/O(输入/输出)错误。该选项一般用于写操作。

STATUS='REPLACE'——表示文件如果存在的话,编译系统将会重新创建一次,原先的内容会被替换。如果文件不存在的话,编译系统就会创建一个对应文件。

STATUS='SCRATCH'——表示将由编译系统为指定的设备号连接一个特殊的'无名'临时文件,名字由编译系统给定。

STATUS='UNKNOWN'——由编译系统确定以上状态中的哪一种。它同时也是 STATUS 的缺省值。

(4)ACCESS 选项

该选项用来指定文件的存取方式,存取方式是一个字符串表达式。该选项可指定为以下 3 种。

ACCESS='SEQUENTIAL'——顺序存取方式,是 ACCESS 的缺省值。

ACCESS='DIRECT'——直接存取方式。

ACCESS='APPEND'——在最后一个记录后添加新记录。

(5)FORM 选项

该选项用以指定文件存储的记录格式,记录格式是一个字符串表达式,可指定为以下 3 种:

FORM='FORMATTED'——有格式存储格式,对于顺序文件可省略,是 FORM 的缺省值;

FORM='UNFORMATTED'——无格式存储格式,对于直接文件可省略;

FORM='BINARY'——二进制存储格式。

(6)RECL 选项

RECL=len。len 是一个正整数或整型表达式,其值用以指定文件记录的长度,其单位在文本格式下为 1 个字符,而在二进制格式下则由编译器指定。对于一个直接存取文件而言,必须给定记录的长度;对于顺序存取文件而言,RECL 可以省略。

(7)ACTION 选项

该选项用以设置文件的读写属性,一般是一个字符串表达式,可指定为以下3 种。

ACTION＝'READ'——只读属性,文件只能读取,不能写入。

ACTION＝'WRITE'——只写方式,文件只能写入,不能读取。

ACTION＝'READWRITE'——可读写方式,文件既可读也可写,如果 OPEN 语句省略了 ACTION 选项,则文件的读写属性按 READWRITE、READ、WRITE 的优先顺序依次执行。

(8)ERR 选项

当 OPEN 语句出现错误时,该选项用以转向出错后的执行操作语句,通常采用以下方式书写。

OPEN (10, FILE＝'file. dat',ERR＝100)

100 WRITE (6, ＊) 'The file is missing or wrong! '(其中设备号为 6 默认输出设备为屏幕)。

(9)IOSTAT 选项

IOSTAT 选项用以指定保存 OPEN 语句操作时错误状态信息的整型变量。 如果 OPEN 语句在执行过程中没有错误,则返回 0 值,否则返回负整数或错误代码。

8.3.2　文件输入输出语句(READ/WRITE)

在之前介绍表控输入输出的章节中,谈到了 READ 和 WRITE 语句,它们都有两个参数,其中第一个对应的是设备输入和输出号,＊默认的输入设备是键盘,输出设备是屏幕,而数字一般对应的是文件设备(通道)号。READ/WRITE 语句也有多个参数选项,它们常用的一般格式如下。

READ/WRITE([UNIT＝]设备号[, REC＝记录号][, ERR＝错误操作语句][, IOSTAT＝I/O 状态])

(1)UNIT 选项

该选项对应的是在 OPEN 语句中打开文件时指定的设备号。 当该说明符是READ/WRITE 语句的第一个选项时,可以省略"UNIT＝"。

(2)REC 选项

该选项只能用于直接存取文件,用以设置读取的记录号,它必须是一个正整数。当 READ/WRITE 语句使用该选项时,代表的是从文件的特定记录号开始读写数据。

(3)ERR 选项

与 OPEN 语句的 ERR 选项功能和用法相类似,用以转向出错后的执行操作语句。

(4)IOSTAT 选项

IOSTAT 选项用以指定保存 READ/WRITE 语句操作时错误状态信息的整型变量。如果 READ/WRITE 语句在执行过程中没有错误,则返回 0 值,否则返回负整数或错误代码。

8.3.3　文件关闭语句(CLOSE)

为了保证文件在完成数据读写操作后可以正常保存退出,需养成良好的编程习惯,即使用 CLOSE 语句合法关闭 OPEN 语句打开的文件。其一般格式如下。

CLOSE([UNIT=]设备号[, ERR=错误操作语句][, STATUS=文件属性][, IOSTAT=I/O 状态])

(1)UNIT 选项

该选项对应的是在 OPEN 语句中打开文件时指定的设备号。

(2)ERR 选项

与 OPEN 语句的 ERR 选项功能和用法相类似,用以转向出错后的执行操作语句。

(3)STATUS 选项

该选项用以设置关闭文件时的状态,是一个字符串表达式,它有以下两种取值。

STATUS='KEEP'——文件关闭后继续保留,是 STATUS 的缺省值。

STATUS='DELETE'——文件关闭后被删除。

(4)IOSTAT 选项

IOSTAT 选项用以指定保存 CLOSE 语句操作时错误状态信息的整型变量。如果 CLOSE 语句在执行过程中没有错误,则返回 0 值,否则返回负整数或错误代码。

§8.4　文件程序举例

本节将通过例题分别介绍有格式顺序存取、有格式直接存取、无格式顺序存取和无格式直接存取文件的打开和读写数据的方法。

8.4.1　有格式顺序存取文件

【例 8.1】已知某市 6 月 1—10 日 02 时、08 时、14 时、20 时四个时次的湿度文件(文件名为 RH06.dat):

| 0601 | 51 | 28 | 37 | 64 |
| 0602 | 54 | 54 | 48 | 50 |

0603	51	77	53	42
0604	56	51	53	52
0605	56	36	59	52
0606	51	28	37	64
0607	54	54	48	50
0608	51	77	53	42
0609	56	51	53	52
0610	56	36	59	52

将此湿度序列输入到二维数组 RH,通过编写 FORTRAN 程序,求解以下问题:

(1)求各时次的 6 月 1—10 日的每小时平均湿度,存入数组 RHm1,并将计算结果写入文件 result. dat 中。

(2)求 6 月 1—10 日的日平均湿度,存入数组 RHm2,并将计算结果写入文件 result. dat 中。

问题分析:

该文件中的内容格式在大气科学中经常遇到,文件中含有字符型(第一列)和整型(第 2—5 列)两种类型的数据,需要定义字符串数组和整型数组分别存储数据。同时,该文件是典型的有格式顺序存取文件,由于每一行末尾存在回车符(CR)和换行符(LF)(这两个字符不会出现在文件内容中,只由编译系统读取,如图 8-4),相当于一条独立的记录。程序每次调用 READ 语句都会换行到下一行(即下一条记录)。因此,可以通过循环语句反复调用 READ 语句读取不同日期的数据。而对于不同时刻的数据,需要通过隐含 DO 循环,用一个 READ 语句完成多个数据项的读入。

0601	51	28	37	64	CR	LF
0602	54	54	48	50	CR	LF
0603	51	77	53	42	CR	LF
0604	56	51	53	52	CR	LF
0605	56	36	59	52	CR	LF
0606	51	28	37	64	CR	LF
0607	54	54	48	50	CR	LF
0608	51	77	53	42	CR	LF
0609	56	51	53	52	CR	LF
0610	56	36	59	52	CR	LF

图 8-4 有格式顺序存储文件记录格式示意图

程序代码：

```
program ex0801
integer RH(10,4)
real RHm1(4)，RHm2(10)
character * 4 date(10)
integer :: cnt1＝0，cnt2＝0
open(10，FILE＝'RH06. dat')      ! 此处缺省的 FORM＝'FORMATTED'，
                                        ACCESS＝'SEQUENTIAL'
do i＝1,10
  read(10，*) date(i)，(RH(i,j)，j＝1,4)
enddo
close(10)
do i＝1,10
  write( * ,'(4I3)')(RH(i,j),j＝1,4)
end do
! Compute hourly mean
do j＝1,4
  RHm1(j)＝0
  cnt1＝0
  do i＝1,10
    RHm1(j)＝RHm1(j)＋RH(i,j)
    cnt1＝cnt1＋1
  enddo
  RHm1(j)＝RHm1(j)/cnt1
enddo
open(100，FILE＝'result. dat')
write(100，*)'02、08、14、20 时湿度小时平均分别为:'
write(100,"(4f6. 1)")(RHm1(j),j＝1,4)
! Compute daily mean
do i＝1,10
  RHm2(i)＝0
  cnt2＝0
  do j＝1,4
    RHm2(i)＝RHm2(i)＋RH(i,j)
```

```
    cnt2=cnt2+1
  enddo
  RHm2(i)=RHm2(i)/cnt2
enddo
write(100,*)'6 月 1—10 日湿度日平均值为：'
write(100,"(10f6.1)")(RHm2(i),i=1,10)
close(100)
end
```

输出的文件结果：

02 时、08 时、14 时、20 时湿度小时平均分别为：

53.6　49.2　50.0　52.0

6 月 1—10 日湿度日平均值为：

45.0　51.5　55.8　53.0　50.8　45.0　51.5　55.8　53.0　50.8

8.4.2　有格式直接存取文件

有格式直接存取文件可以按照文件记录的任意顺序直接对数据进行读写。有格式直接文件中的记录长度必须是相同的。

【例 8.2】将【例 8.1】中的文件内容按有格式直接存取文件的方式写入 0802. dat，并输入 6 月 1—10 日中的任意时间和对应记录号，修改当日的湿度数据。

程序代码：

```
program ex0802
integer RH(10,4),RH_new(4)
character * 4 date(10),date_new
integer num_new
open(10, FILE='RH06. dat')    ! 此处缺省的 FORM='FORMATTED',AC-
                              CESS='SEQUENTIAL'
do i=1,10
  read(10,* ) date(i),(RH(i,j),j=1,4)
enddo
close(10)
! Output the data into the file 0802. dat
open(20, FILE='0802. dat', ACCESS='DIRECT', FORM='FORMATTED',
RECL=20)
do i=1,10
```

```
write(20, "(A4, 4I3)", REC=i) date(i), (RH(i,j), j=1,4)
enddo
! Modify the specified record
write( * , * )'请输入需要修改的记录号和对应日期:'
read * ,num_new, date_new
write( * , * )'请输入新的湿度数据:'
read * ,(RH_new(j), j=1,4)
write(20, "(A4, 4I3)", REC=num_new) date_new, (RH_new(j), j=1,4)
close(20)
end
```

程序分析:

程序中的第二个 OPEN 语句用于创建有格式的直接存取文件,可以看出指定的最大记录长度 RECL 为 20 个字节。程序产生的数据文件 0802. dat 的记录格式如图 8-5 所示。

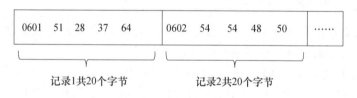

图 8-5 有格式直接存取文件记录格式示意图

由于一个字符分配一个字节的存储空间,所以 20 个字节的长度对应 20 个字符(包括空格)。可以看出,有格式直接存取文件是由若干个文本段组成,每个文本段就是一个记录。相比有格式顺序存取文件而言,直接存取文件的每条记录没有结束标志和行的概念,但是每个记录长度(字节数)相同,可以通过 RECL 选项指定记录长度。当需要修改特定的记录时,只需在 WRITE 语句中通过设置 REC 选项来指定记录号,而无须逐条检索找到需要读取或修改的记录号。

有格式直接存取文件需按照格式说明信息输入输出数据,READ 或 WRITE 语句的格式说明符不能为缺省的星号。一般而言,输出数据列表的总长度必须等于或小于文件记录长度,如该程序中的格式说明符为"A4,4I3",一共是 16 个字符,而上述的文件每条记录是 20 个字符,因此会在输出的格式中补足 4 个空格字符。如果输出列表总长度大于文件记录长度,程序会报错。

8.4.3 无格式顺序存取文件

无格式顺序存取文件的第一个字节用于存放文件的起始标志信息(75),而最后一个字节则是存放结束标志信息(130)。整个文件由若干个逻辑记录组成,每个逻辑记录的长度可以不同,一个逻辑记录又由若干个磁盘物理块组成。对于前面的 n－1 个物理块而言,每个物理块前后两个字节用于存放控制信息 129,中间共有 128 个字节存储数据,一共是 130 个字节;而最后一个物理块 n,其长度小于 130 个字节。无格式顺序存取文件的示意图如图 8-6 所示。

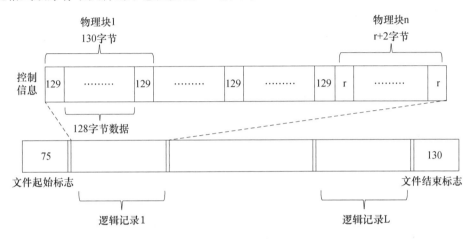

图 8-6　无格式顺序存取文件记录格式示意图

对于无格式文件而言,READ 或 WRITE 语句不能按照表控格式或有格式控制输入输出,否则程序会报错。

【例 8.3】将【例 8.1】中的文件内容按无格式顺序存取文件的方式写入 0803.dat,并打开 0803.dat 读取其中的内容。

程序代码:

```
program ex0803
integer RH(10,4)
character * 4 date(10)
integer i
open(10, FILE = 'RH06.dat')      ! 此处缺省的 FORM = 'FORMATTED',
                                   ACCESS='SEQUENTIAL'
do i=1,10
   read(10, * ) date(i), (RH(i,j), j=1,4)
enddo
close(10)
! Output the data into the file 0803.dat
```

```
open(20, FILE = '0803. dat', FORM = 'UNFORMATTED', ACCESS = 'SE-
QUENTIAL')
do i=1,10
  write(20) date(i), (RH(i,j), j=1,4)
enddo
! Print the data of the file 0803. dat onto the screen
rewind(20)          ! 将当前文件指针位置指向文件头,以便重新读取记录
do i=1,10
  read(20) date(i), (RH(i,j), j=1,4)
  print 100, date(i), (RH(i,j), j=1,4)
enddo
100 format(A4,4I4)
end
```

8.4.4　无格式直接存取文件

无格式直接存取文件也是由若干个逻辑记录组成,但是相比无格式顺序存取文件而言,其每条记录长度相同,而且两条记录之间没有像顺序存取文件记录间的控制信息,数据紧凑排列。无格式直接存取文件格式如图 8-7 所示。

图 8-7　无格式直接存取文件记录格式示意图

【**例 8.4**】将 6 个城市的 5 个常规气象要素(温度、气压、湿度、风向和风速)写入无格式直接数据文件。然后从键盘输入一个城市序号,以修改该序号对应的记录值。

程序代码:
```
program ex0804
integer num(5), num_new
real meter(6,5), meter_new(5)
open(10, FILE = 'meter. dat', FORM = 'UNFORMATTED', ACCESS = 'DI-
RECT', RECL=60)
write( * , * ),'请输入 6 个城市的气象要素值:'
```

```
read * ,(num(i),(meter(i,j),j=1,5),i=1,6)
do i=1,6
   write(10,REC=i) num(i),(meter(i,j),j=1,5)
enddo
write( * , * )'请输入需要修改数据的记录号:'
read * , num_new
read(10,REC=num_new) num_new,(meter_new(j),j=1,5)
write( * , * )'原来的记录是:'
write( * , "(I3,5f6.1)") num_new,(meter_new(j),j=1,5)
write( * , * )'请输入新的记录:'
read * ,(meter_new(j),j=1,5)
write(10,REC=num_new) num_new,(meter_new(j),j=1,5)
close(10)
end
```

§8.5　NetCDF 文件

8.5.1　NetCDF 文件介绍

在大气科学的数据处理过程中,除了文本文件和二进制文件外,NetCDF 数据文件是另一种经常使用到的文件形式。NetCDF(Network Common Data Form)网络通用数据格式是由美国大学大气研究协会(University Corporation for Atmospheric Research,UCAR)的 Unidata 项目科学家针对地球科学数据的特点开发的,是一种面向数组型并适于网络共享数据的描述和编码标准。目前,NetCDF 广泛应用于大气科学、水文、海洋学、环境模拟、地球物理等诸多领域。用户可以借助多种软件方便地管理和操作 NetCDF 数据集。

一个完整的气象数据一般包含时间维、纬度维和经度维 3 个维度的数据或者时间维、(气压)高度维、纬度维和经度维 4 个维度的数据。如果使用之前介绍的二进制文件对这类数据进行存取,非常不直观,使用起来非常麻烦;而如果使用文本文件进行存取的话,虽然可以做到相对比较直观,但是一般需按顺序读取整个文本文件的内容。相比之下,NetCDF 数据具有高可用性,即可以高效访问该数据,在读取大数据集中的 NetCDF 数据时不用按顺序读取,可以直接读取需要访问的数据。同时,对于新数据的写入,NetCDF 数据可沿某一维进行追加,不用复制数据集和重新定义数据结构。此外,NetCDF 数据集支持多种编程语言读取或写入,其中包括 C 语言、C++,FORTRAN,IDL,Python,Perl 和 Java 语言等。

NetCDF 数据常以 nc 为文件后缀名,它通常包含变量、维和属性 3 种数据类型。其中,"变量"是数据的存储单元;"维"给定了变量的维度信息,由于 NetCDF 数据常用来存储大气和海洋数据,维度信息一般是时间维、高度维、纬度维和经度维;"属性"则给出了变量或数据源的相关描述性信息。一个 NetCDF 数据的结构如图 8-8 所示。

netcdf　T_1979—2015 {
dimensions:
　　longitude = 360 ;
　　latitude = 181 ;
　　level = 37 ;
　　time = UNLIMITED ; // (444 currently)
variables:
　　float longitude(longitude) ;
　　　　longitude:units = "degrees_east" ;
　　　　longitude:long_name = "longitude" ;
　　float latitude(latitude) ;
　　　　latitude:units = "degrees_north" ;
　　　　latitude:long_name = "latitude" ;
　　int level(level) ;
　　　　level:units = "millibars" ;
　　　　level:long_name = "pressure_level" ;
　　int time(time) ;
　　　　time:units = "hours since 1900—01—01 00:00:0.0" ;
　　　　time:long_name = "time" ;
　　　　time:calendar = "gregorian" ;
　　float t(time, level, latitude, longitude) ;
　　　　t:units = "K" ;
　　　　t:long_name = "Temperature" ;
　　　　t:standard_name = "air_temperature" ;

// **global attributes**:
　　　　:Source = "ERA—Interim" ;
}

图 8-8　NetCDF 数据结构示意图

该图给出的是 1979—2015 年欧洲中期天气预报中心(ECMWF)的 Interim 数据集月平均温度数据的 NetCDF 格式的数据结构信息。其中第一块内容就是描述了数据的"维"信息,该数据包含了 4 个维度,即时间(444 个月)、高度(37 层气压层)、纬度(181 个纬度,范围从 90°S 到 90°N,纬度分辨率为 1°)和经度(360 个经度,范围从 180°W 到 180°E,经度分辨率为 1°)。第二块内容为"变量"信息,该数据一共包含了 5 个变量,前 4 个变量存储了时间、高度、纬度和经度的具体数值,而最后一个变量则是存储温度记录的温度变量。第三块内容则是"属性"信息,"global attributes"表示的是该数据的全局属性,"Source"记录了数据的来源;另外,在每个变量里面,还存储着该变量的相关属性信息,如单位"units"和变量的完整名称"long_name"。

8.5.2　NetCDF 接口函数

FORTRAN 语言在读写 NetCDF 数据时,需要调用支持 FORTRAN 语言的 NetCDF 接口函数,这些函数需要安装了 NetCDF 软件(https://www.unidata.ucar.edu/software/netcdf/)后才能使用。FORTRAN95/90 语言版本的接口函数包含以下几类。

(1)文件处理函数:用于创建文件、写入数据、读取数据和关闭文件等操作。

(2)变量处理函数:用于定义、检索、读取和写入变量,包括声明变量的名字和 ID 的函数。

(3)维数处理函数:用于定义、检索、读取和写入维数,包括声明维数名称和 ID 的函数。

(4)属性处理函数:用于定义、检索、读取和写入属性。

以下给出了一些常用的 NetCDF 接口函数。

(1)nf90_create 函数

主要功能:创建一个 NetCDF 数据,并返回一个 ID 号。

用法:status=nf90_create(path, cmode, ncid, [chunksize])

参数列表:

path——创建的 NetCDF 数据路径名。

cmode——创建文件的状态。缺省值为 nf90_clobber,表示可以往该数据里写入数据;另一个常见的参数取值为 nf90_noclobber,它的意思与 nf90_clobber 相反,表示无法向该数据写入数据。

ncid——返回的 NetCDF 数据的 ID 号,用此 ID 号可以读取唯一对应打开的文件,然后向文件里写入数据,相当于普通文件的通道号。

chunksize——写入数据的块大小,一般默认是 8192 字节,可选参数。

status——函数是否正常调用的状态值,如果 status 等于 nf90_noerr,表示文件创建成功,否则,返回对应的错误。

(2)nf90_open 函数

主要功能:打开一个已经存在的 NetCDF 数据,并返回一个访问 ID 号。

用法:status=nf90_open(path, mode, ncid, [chunksize])

参数列表:

path——被打开的 NetCDF 数据路径名。

mode——缺省值为 nf90_clobber,表示可以往该数据里写入数据;另一个常见的参数取值为 nf90_noclobber,它的意思与 nf90_clobber 相反,表示无法向该数据写入数据。

ncid——返回的 NetCDF 数据的 ID 号,用此 ID 号可以读取唯一对应打开的文件,相当于普通文件的通道号。

chunksize——访问数据的块大小,一般默认是 8192 字节,可选参数。

status——函数是否正常调用的状态值,如果 status 等于 nf90_noerr,表示文件被正常打开,否则,返回对应的错误。

(3)nf90_inq_varid

主要功能:检索变量是否存在于数据中。

用法:status=nf90_inq_varid(ncid, name, varid)

参数列表:

ncid——nf90_open 函数返回的 NetCDF 数据的 ID 号,相当于普通文件的通道号。

name——需要被检索的变量名。

varid——如果变量存在于数据 ncid 中,则会返回它的变量 ID 号。

status——函数是否正常调用的状态值,如果 status 等于 nf90_noerr,表示变量存在于数据文件中,否则,返回对应的错误。

(4)nf90_inquire_variable

主要功能:检索并返回对应 ID 号的变量信息。

用法:status=nf90_inquire_variable(ncid, varid, [name, xtype, ndims, dimids], nAtts)

参数列表:

ncid——由 nf90_open 函数打开的文件 ID 号。

varid——被检索的变量的 ID 号。

name——被检索的变量的名称,可选参数。

xtype——被检索的变量的数据类型,可选参数。

ndims——被检索的变量的维数,可选参数。

dimids——返回的变量维 ID 号,可选参数。

nAtts——变量的属性个数,可选参数。

status——函数是否正常调用的状态值,如果 status 等于 nf90_noerr,表示变量存在于数据文件中,否则,返回对应的错误。

(5)nf90_get_var

主要功能:读取 NetCDF 数据文件中的变量。

用法:status= nf90_get_var(ncid, varid, values, [start, count, stride])

参数列表:

ncid——由 nf90_open 函数打开的文件 ID 号。

varid——需要读取的变量 ID 号。

values——读取的变量的数值存储在该变量中,用于后续的数据处理。

start——定义读取变量各维度的下标值,可选参数。

count——定义读取变量各维度的维数大小,可选参数。

stride——定义读取变量各维度的步长,可选参数。

status——函数是否正常调用的状态值,如果 status 等于 nf90_noerr,表示变量存在于数据文件中,否则,返回对应的错误。

(6)nf90_get_att

主要功能:读取变量的属性。

用法:status=nf90_get_att(ncid, varid, name, values)

参数列表:

ncid——由 nf90_open 函数打开的文件 ID 号。

varid——需要读取的变量 ID 号。

name——需要读取的变量属性名称。

values——读取的变量属性存储在该变量中,用于后续的编程。

status——函数是否正常调用的状态值,如果 status 等于 nf90_noerr,表示 name 对应的变量属性存在,否则,返回对应的错误。

(7)nf90_put_var

主要功能:向 NetCDF 数据文件写入变量。

用法:status= nf90_put_var(ncid, varid, values, [start, count, stride])

参数列表:

ncid——由 nf90_create 函数创建或 nf90_open 函数打开的文件 ID 号。

varid——需要写入的变量 ID 号。

values——写入变量的数值存储在该变量中,由前续程序所创建并赋值。

start——定义写入变量各维度的下标值,可选参数。

count——定义写入变量各维度的维数大小,可选参数。

stride——定义写入变量各维度的步长,可选参数。

status——函数是否正常调用的状态值,如果 status 等于 nf90_noerr,表示变量成功写入数据文件中,否则,返回对应的错误。

(8)nf90_close

主要功能:关闭已经打开的 NetCDF 数据文件。

用法:status=nf90_close(ncid)

参数列表:

ncid——由 nf90_create 函数创建或 nf90_open 函数打开的文件 ID 号。

status——函数是否正常调用的状态值,如果 status 等于 nf90_noerr,表示数据文件成功被关闭,否则,返回对应的错误。

8.5.3　NetCDF 程序举例

【例 8.5】编写读取 NetCDF 数据文件中 1 维和 4 维的变量的子例行程序。

程序代码:

```
subroutine read_nc_1d(filename,varname,num,start,var)
  use netcdf
  character (len=*),intent(in) :: filename
  character (len=*),intent(in) :: varname
  integer,intent(in) :: num,start
  integer :: ncid, varid
  logical :: status
  real,dimension(num),intent(out) :: var

  status= nf90_open(filename,nf90_NoWrite,ncid)
  if (status /= nf90_noerr) write( * , * )"Error! There is no this file or the
mode is wrong!"
  status= nf90_inq_varid(ncid,varname,varid)
  if (status /= nf90_noerr) write( * , * )"Error! There is no this variable,",
varname
  status= nf90_inquire_variable(ncid,varid)
  status= nf90_get_var(ncid,varid,var)
  status=nf90_close(ncid)
```

```fortran
      if (status /= nf90_noerr) write( * , * )"Error! The file is badly closed!"
  end subroutine read_nc_1d


  subroutine read_nc_4d(filename,varname,var)
      use netcdf
      integer,parameter::nt=444,nlev=37,nlat=181,nlon=360
      character (len= * ),intent(in) :: filename
      character (len= * ),intent(in) :: varname
      integer :: ncid, varid, scaleid, addid
      logical :: status
      real,dimension(nlon,nlat,nlev,nt),intent(out) :: var
      real :: scale_factor
      real :: add_offset
      integer :: i,j,k,t
  ! Read data
      status= nf90_open(filename,nf90_NoWrite,ncid)
      if (status /= nf90_noerr) write( * , * )"Error! There is no this file or the
  mode is wrong!"
      status= nf90_inq_varid(ncid,varname,varid)
      if (status /= nf90_noerr) write( * , * )"Error! There is no this variable,",
  varname
      status= nf90_inquire_variable(ncid,varid)
      status= nf90_get_var(ncid,varid,var)
  ! Read attributes
      status = nf90_get_att(ncid, varid, "scale_factor", scale_factor)
      status = nf90_get_att(ncid, varid, "add_offset", add_offset)
  ! Transfer the data
      do t=1,nt
        do k=1,nlev
          do i=1,nlat
            do j=1,nlon
              var(j,i,k,t)=var(j,i,k,t) * scale_factor+add_offset
            end do
          end do
```

```
      end do
    end do
    status＝nf90_close(ncid)
    if (status /＝ nf90_noerr) write( * , * )"Error! The file is badly closed!"
  end subroutine read_nc_4d
```

【例 8.6】编写向 NetCDF 数据文件中写入 4 维变量的子例行程序。

程序代码：

```
subroutine write_nc_4d(filename,varname,var)
  use netcdf
  implicit none
  integer,parameter::nt＝12,nlev＝37,nlat＝181,nlon＝360
  character (len＝ * ),intent(in) :: filename
  character (len＝ * ),intent(in) :: varname
  integer :: ncid, varid,lonid,latid,levid,timeid
  logical :: status
  real,dimension(nlon,nlat,nlev,nt),intent(in) :: var
  integer :: i,j,k,t
  ! Read data
  status＝ nf90_create(filename,nf90_noclobber,ncid)
  if (status /＝ nf90_noerr) write( * , * )"Error! There is no this file or the
mode is wrong!"
  status ＝ nf90_def_dim(ncid, "lon", nlon, lonid)
  status ＝ nf90_def_dim(ncid, "lat", nlat, latid)
  status ＝ nf90_def_dim(ncid, "lev", nlev, levid)
  status ＝ nf90_def_dim(ncid, "time",nf90_unlimited, timeid)
  status ＝ nf90_def_var(ncid, varname, nf90_float, (/lonid, latid, levid,
timeid/),varid)
  status ＝ nf90_enddef(ncid)
  if (status /＝ nf90_noerr) write( * , * )"Error! The variable is badly
created!"
  status ＝ nf90_put_var(ncid,varid,var)
  if (status /＝ nf90_noerr) print * ,"Error! The variable is badly input!"
  status ＝ nf90_close(ncid)
  if (status /＝ nf90_noerr) print * ,"Error! The file is badly closed!"
```

end subroutine

　　【**说明**】上述读写 NetCDF 数据的子程序均使用了"use netcdf"语句,这是使用 netcdf 模块的意思。此外,在编译、执行上述子程序时还需要调用包含 nf90_create、nf90_open 等处理函数的 NetCDF 库文件,才能实现读写 NetCDF 数据的功能。

第9章 常用数值算法举例

经过前面八章内容的学习,已经对 FORTRAN95 语言的语法、三大程序结构(顺序结构、选择结构和循环结构)、数组、子程序和文件等知识点有了初步的了解和掌握。这些内容的学习可以完整地编写和运行一个 FORTRAN 程序。然而,正像在第一章中谈到的,计算机程序设计的核心是算法,算法才是解决问题的步骤和方案。

另外,在数学、物理等领域,经常会遇到一些难以用数学解析方法得到准确答案的问题,如很多函数无法通过数学变换等技巧得到它们的积分和微分表达式;还有一些代数方程可能不存在解析解。而这些问题的答案又对气象科学的发展起着至关重要的作用,因为大气运动方程组的求解很大程度依赖于代数方程的积分、微分和求根。目前对这类不能用数学解析方法得到准确解的问题,常常采用数值方法得到近似的数值解。在这个过程中,数值算法也是其中的核心问题。只有在明确了如何将一个纯粹的数学理论问题转化为一个数值问题,才能使用诸如 FORTRAN95 这样的高级编程语言来解决这类数学问题。

尽管这部分属于数值分析课程的相关内容,但是,本章节将通过数值方法求解积分、微分问题,求代数方程的根和线性插值等一系列实例加深对前面编程语言知识的认识。本章的学习,旨在学会如何使用数组、三大程序结构以及子程序来编写数值算法。

§9.1 数值方法求定积分和微分

9.1.1 求定积分

根据数学定义,知道定积分可以表示成多边形面积之和的极限,这种方法称为面积法求定积分,见图 9-1。

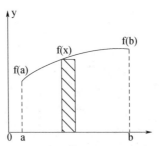

图 9-1 面积法求定积分示意图

根据所选多边形形状的不同,定积分可分为矩形法和梯形法。另外,辛普森法可以看成一种特殊的曲边梯形作为微元的近似方法。

(1)矩形法

【例 9.1】用矩形法求函数 f(x)＝sin(x)在区间[0,π]上的定积分。

N-S 流程见图 9-2。

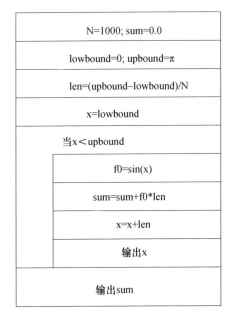

图 9-2　用矩形法求函数 f(x)定积分逻辑流程图

程序代码:

```
program ex0901
implicit none
real,parameter::pi＝3.1415926
integer,parameter::N＝1000
real lowbound,upbound,len,x,sum,f0
lowbound＝0.0
upbound ＝pi
len＝(upbound－lowbound)/N
sum＝0.0
x＝lowbound
do while(x＜upbound)
```

```
    f0＝sin(x)
    sum＝sum＋f0 * len
    x＝x＋len
end do
write( * , * )'The definite integration of f(x) is', sum
end
```

输出结果：

The definite integration of f(x) is　　1.999974

程序分析：

面积法求定积分的数值精度在一定程度上取决于步长间隔 len 是否足够小，因为，如果 len 过大的话，可能导致 x 与积分上限相差较多，造成较大的数值误差。当然，如果 len 过小的话，会减慢程序的运算速度。所以，应根据情况适当选择 len 的大小。

（2）梯形法

【例 9.2】用梯形法求函数 f(x)＝sin(x)在区间[0,π]上的定积分。

问题分析：

梯形法，顾名思义，是将【例 9.1】中的矩形微元更换为梯形微元再进行数值积分。

程序代码：

```
program ex0902
implicit none
real,parameter：：pi＝3.1415926
integer,parameter：：N＝1000
real lowbound,upbound,len,x,sum,f1,f2
lowbound＝0.0
upbound ＝pi
len＝(upbound－lowbound)/N
sum＝0.0
x＝lowbound
do while(x＜upbound)
    f1＝sin(x)
    f2＝sin(x＋len)
    sum＝sum＋(f1＋f2) * len/2.
    x＝x＋len
```

```
end do
write( * , * )'The definite integration of f(x) is', sum
end
```

输出结果：

The definite integration of f(x) is 1.999976

(3)辛普森法

【例 9.3】用辛普森法求函数 f(x)＝sin(x)在区间[0,π]上的定积分。

问题分析：

对于处理光滑连续函数的积分问题,矩形和梯形微元都不能很好地近似覆盖曲线所包络的区域,因此,数值计算精度不高。辛普森法是对梯形公式的近似值进行加权平均以获得更高精度的积分近似值的一种方法,其本质是采用曲边梯形用以近似拟合曲线所包络的区域。辛普森法计算定积分的公式为：

$$\int_a^b f(x)dx \approx \sum_{x=a}^b \left[f(x) + 4 \cdot f\left(x + \frac{\Delta x}{2}\right) + f(x + \Delta x) \right] \cdot \frac{\Delta x}{6}$$

程序代码：

```
program ex0903
implicit none
real,parameter：：pi＝3.1415926
integer,parameter：：N＝1000
real lowbound,upbound,len,x,sum,f0,f1,f2
lowbound＝0.0
upbound ＝pi
len＝(upbound－lowbound)/N
sum＝0.0
x＝lowbound
do while(x＜upbound)
   f0＝sin(x)
   f1＝sin(x＋len/2.)
   f2＝sin(x＋len)
   sum＝sum＋(f0＋f1 * 4＋f2) * len/6.
   x＝x＋len
end do
write( * , * )'The definite integration of f(x) is ', sum
end
```

输出结果：

The definite integration of f(x) is　　1.999978

程序分析：

可以看出，辛普森算法得到定积分结果相比梯形法和矩形法的结果都要更接近理论计算值，即 2.0，这也体现了辛普森算法在这三种算法中具有更高的数值精度。

§9.2　牛顿迭代法求代数方程的根

9.2.1　牛顿迭代法

因为多数方程不存在精确的解析解，所以只能用数值方式近似求解代数方程的根。牛顿迭代法又称为牛顿—拉夫逊方法，它是一种在实数域和复数域上数值求解代数方程的方法。其最大的优点是在方程 $f(x)=0$ 的单根附近收敛速度快，而且该方法还可以用来求方程的重根、复根。另外，在很多气象方面的数值问题中，牛顿迭代法都是常用的数值算法，因此，理解本节介绍的牛顿迭代法求根的算法非常重要。

牛顿迭代法求根在数学上的理论推导是假设用函数 $f(x)$ 的前两项的泰勒展开式来近似代替 $f(x)$，即 $f(x)=f(x_0)+f'(x_0)(x-x_0)$，当这个线性近似表达式等于 0 时，就是方程 $f(x)=0$ 的近似根。如果 $f'(x_0)\neq 0$，则近似解 $x_1=x_0-f(x_0)/f'(x_0)$。如果将 x_1 代替 x_0 放入上述的线性近似方程中，则可能得到方程 $f(x)=0$ 更加准确的近似解。以此类推，就可以得到迭代关系式：$x_{n+1}=x_n-\dfrac{f(x_n)}{f'(x_n)}$。

如果曲线 $y=f(x)$ 是连续的，并且待求的零点是孤立的，那么在零点附近必定存在一个邻域，只要初始值位于这个邻域内，那么牛顿迭代法必定收敛。因此，其求根的过程在于不断通过做曲线 $y=f(x)$ 的切线与横轴相交，再通过交点继续做曲线 $y=f(x)$ 的切线，循环此过程，直至切线与横轴的交点逼近曲线 $y=f(x)$ 与横轴的交点，即是最终的根，如图 9-3 所示。

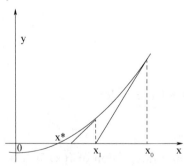

图 9-3　牛顿迭代法几何示意图

具体步骤如下。

(1)选一个接近于 x 的真实根的初始值 x_0；

(2)取 $x = x_0$，通过 f(x)表达式计算出 $f(x_0)$和 $f'(x_0)$；

(3)通过点$(x_0, f(x_0))$作 f(x)的切线,交 x 轴于 x_1,根据牛顿迭代关系式可以得到 $x_1 = x_0 - f(x_0)/f'(x_0)$；

(4)不断重复步骤(2)和步骤(3),将新得到的近似解替代 x,然后通过迭代关系式,得到新的近似解,直到前后两次求出的近似解差值的绝对值小于等于预先设定的误差阈限,即 $|x_n - x_{n-1}| \leqslant \varepsilon$,循环迭代结束,得到方程 f(x)=0 的数值解。

【例 9.4】用牛顿迭代法求方程 $x^4 - 3x^3 - 8x - 24 = 0$ 在 4 附近的近似解。

N-S 流程见图 9-4。

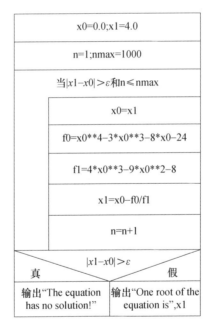

图 9-4　用牛顿迭代法求解方程的逻辑流程图

程序代码:

```
program ex0904
    real:: x0=0.0, x1=4.0, f0, f1
    integer :: n=1, nmax=1000
    real :: eps=1e-6
    do while (abs(x0-x1).GT.eps.and.n.LE.nmax)
        x0=x1
```

! The function value

　　f0＝x0＊＊4－3＊x0＊＊3－8＊x0－24

! The derivative of the function f(x)

　　f1＝4＊x0＊＊3－9＊x0＊＊2－8

　　x1＝x0－f0/f1

　　n＝n＋1

　enddo

　if(abs(x0－x1).GT.eps)then

　　write(＊,＊)′The equation has no solution!′

　else

　　write(＊,＊)′One root of the equation is′,x1

　end if

end

输出结果：

　One root of the equation is　　3.919393

程序分析：

在程序里,使用 x_0 和 x_1 分别表示 x_{n-1} 和 x_n,这是利用了循环算法的特点,不断将更新后的值存储到 x_0 和 x_1。程序中的 eps 代表的是误差阈值 ε,只有保证前后两次迭代值差值的绝对值比这个阈值小,才能判断方程的解是收敛的,实际上,这也是极限的数学定义方法。另外,在 DO WHILE 语句中,同时还设定了一个 nmax 用以表示最大迭代次数,如果循环次数超过 nmax 仍不能收敛,则跳出循环以保证程序不会陷入"死循环"。

9.2.2　弦截法

上面介绍的牛顿迭代法具有收敛速度快的优点,但是,牛顿迭代法需要提前知道 f(x) 的导数 $f'(x)$。然而,现实问题中,很多代数方程的 f(x) 函数的导函数形式非常复杂。因此,如果使用牛顿迭代法来求解所有的代数方程求根问题会非常麻烦。

事实上,在数值分析中,常常用离散的微商 $\dfrac{f(x_n)-f(x_{n-1})}{x_n-x_{n-1}}$ 来近似连续的导数值 $f'(x_n)$,代入上面牛顿迭代法公式 $x_{n+1}=x_n-\dfrac{f(x_n)}{f'(x_n)}$ 则可以得到近似解 $x_{n+1}=x_n-\dfrac{f(x_n)(x_n-x_{n-1})}{f(x_n)-f(x_{n-1})}$。

弦截法的几何图示如图 9-5 所示。曲线 y＝f(x) 在对应横坐标 x_n 和 x_{n-1} 的点记为 P_n 和 P_{n-1},则微商 $\dfrac{f(x_n)-f(x_{n-1})}{(x_n-x_{n-1})}$ 表示的是弦线 $\overline{P_{n-1}P_n}$ 的斜率,而 x_{n+1} 则是该斜线

与 x 轴的交点,然后再由新的近似解 x_{n+1} 与 x_n 对应的函数值重新确定斜截线,以此往复运算,最终得到在误差允许范围内临近真解 x^* 的近似解(交点)。

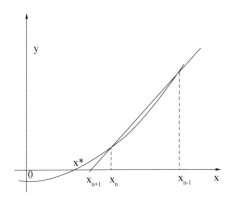

图 9-5　弦截线几何示意图

【例 9.5】用弦截法求方程 $x^4 - 3x^3 - 8x - 24 = 0$ 在 4 附近的近似解。

N-S 流程如图 9-6 所示。

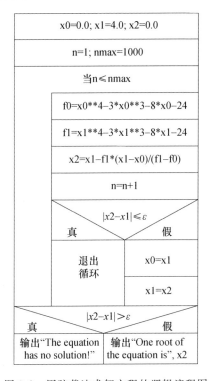

图 9-6　用弦截法求解方程的逻辑流程图

程序代码：

```
program ex0905
    real:: x0＝0.，x1＝4.，x2＝0.，f0, f1
    integer :: n＝1, nmax＝1000
    real :: eps＝1e－6
    do while (n. LE. nmax)
        f0＝x0 * * 4－3 * x0 * * 3－8 * x0－24
        f1＝x1 * * 4－3 * x1 * * 3－8 * x1－24
        x2＝x1－f1 * (x1－x0)/(f1－f0)
        n＝n＋1
        if(abs(x2－x1). LE. eps) exit
        x0＝x1
        x1＝x2
    enddo
    if(abs(x2－x1). GT. eps)then
        write( * , * ) 'The equation has no solution! '
    else
        write( * , * ) 'One root of the equation is ', x2
    end if
end
```

输出结果：

One root of the equation is　　3. 919393

§9.3　线性插值法

在大气科学中,经常需要把不同坐标系下的数据相互转换。如很多数值模式的垂直坐标是 σ—p 混合坐标系,而平时分析处理的数据多是在气压 p 坐标系下进行的。因此,常常需要利用线性插值的方法将原有坐标系下的数据插值到新的坐标系下。一般而言,线性内插可以获得较为准确的插值结果,而线性外插方法由于使用的插值点较少,而不推荐采用。因此,本节介绍的例题只考虑了线性内插的情形。

【例 9.6】读入一维数组 arrin 和其对应的维度坐标 xin,通过线性插值法,将一维数组 arrin 插值到新的维度坐标 xout 上。

程序代码：

```
program ex0906
    integer,parameter::nin＝5, nout＝4
```

```fortran
    real arrin(nin), arrout(nout), xin(nin), xout(nout)
    integer jj1(nout), jj2(nout)
    real wgt1(nout), wgt2(nout)
    integer i,j,jj,jjp
    logical::flag=. FALSE.
! Input the input array
    write(6, * )'Please enter the input points:'
    read * ,(xin(i),i=1,nin)
    write(6, * )'Please enter the input array to be interpolated:'
    read * ,(arrin(i),i=1,nin)
    write(6, * )'Please enter the output points:'
    read * ,(xout(i),i=1,nout)
! Check whether the input index array xin is monotonical
! increasing. If not, sorting xin and arrin.
    do i=1,nin-1
      if(xin(i). GT. xin(i+1))then
        flag=. TRUE.
        exit
      end if
    enddo
    if(flag)then
      call sort(xin,arrin,nin)
    end if
! Check whether the array to be interpolated (xout) falls
! out of the input array xin
    if(xmin(xout,nout). LT. xmin(xin,nin). or. xmax(xout,nout). GT. xmax
(xin,nin))then
      write(6, * )'WARNING: Extrapolating is not accuarte! '
    end if
! Initialize index arrays for later checking
    do j=1,nout
      jj1(j) = 0
      jj2(j) = 0
      wgt1(j)= 0.
```

```fortran
        wgt2(j) = 0.
      end do
! Loop though output indices finding input indices and weights
      do j=1,nout
        do jj=1,nin-1
          if(xout(j). GE. xin(jj). and. xout(j). LE. xin(jj+1)) then
            jj1(j) = jj
            jj2(j) = jj + 1
            wgt1(j) = (xin(jj+1)-xout(j))/(xin(jj+1)-xin(jj))
            wgt2(j) = (xout(j)-xin(jj))/(xin(jj+1)-xin(jj))
            exit
          end if
        end do
      end do
! Do the interpolation
      do j=1,nout
        arrout(j) = arrin(jj1(j)) * wgt1(j) + arrin(jj2(j)) * wgt2(j)
      end do
      write(6, * )'The interpolated array:'
      write(6, * )(arrout(i),i=1,nout)
    end program

    subroutine sort(x,arr,nin)
      real x(nin),arr(nin)
      integer i,j
      do i=1,nin-1
        do j=i+1,nin
          if(x(i). GT. x(j))then
            tmp1=x(i)
            x(i)=x(j)
            x(j)=tmp1

            tmp2=arr(i)
            arr(i)=arr(j)
```

```
                arr(j)=tmp2
            end if
        enddo
    enddo
end subroutine sort

function xmax(x,n)
    real x(n)
    integer i
    xmax=x(1)
    do i=1,n
        if(x(i). GT. xmax) xmax=x(i)
    end do
end function xmax

function xmin(x,n)
    real x(n)
    integer i
    xmin=x(1)
    do i=1,n
        if(x(i). LT. xmin) xmin=x(i)
    end do
end function xmin
```

输出结果：

Please enter the input points：

5　7　3　1　9

Please enter the input array to be interpolated：

6.5　1.3　4.5　2.3　9.2

Please enter the output points：

2　4　6　8

The interpolated array：

3.400000　　5.500000　　3.900000　　5.250000

程序分析：

对于线性插值算法而言,为了计算方便,输入的坐标数组 xin 一般是单调递增或递减的,否则,需先通过排序算法对坐标数组 xin 进行排序后再进行插值。需要说明的是,xin 排序后,输入的数值数组 arrin 也需要按照新的 xin 顺序进行重排。

主程序中的插值算法段主要利用 xin(jj1)和 xin(jj2)两个点对应的 arrin(jj1)和 arrin(jj2)函数值构造权重函数(xin(jj+1)-xout(j))/(xin(jj+1)-xin(jj))和(xout(j)-xin(jj))/(xin(jj+1)-xin(jj)),用以作为两个点不同的加权系数,以最终得到它们之间 xout 对应的函数值 arrout,即所需要的插值结果。

这种线性插值方法从几何角度来看,表示的是函数 $y=f(x)$ 通过两点(x_0, y_0)和(x_1, y_1)的直线。可以将插值公式写成点斜式:$f(x)=y_0+\dfrac{y_1-y_0}{x_1-x_0}(x-x_0)$,它也可以等价表达为以下多项式:$f(x)=\dfrac{x-x_1}{x_0-x_1}y_0+\dfrac{x-x_0}{x_1-x_0}y_1$,称之为对称式。

假设 $l_0(x)=\dfrac{x-x_1}{x_0-x_1}$,$l_1(x)=\dfrac{x-x_0}{x_1-x_0}$

则有 $y(x)=y_0 l_0(x)+y_1 l_1(x)$,其中 $l_0(x)$ 和 $l_1(x)$ 称为拉格朗日插值基函数,就是刚才所说的权重函数。

对应的 x_0 和 x_1 位置上的插值基函数的值为:

$l_0(x_0)=1$,$l_0(x_1)=0$

$l_1(x_1)=1$,$l_1(x_0)=0$

上述情况只用到了两个插值基函数,为了提高插值精度,往往采用更多的拉格朗日插值基函数来拟合两点之间的多项式。这相当于把原有对 $f(x)$ 的直线拟合变为多项式(曲线)拟合,因此可以提高插值精度。

附录　FORTRAN 95 标准函数库简表

表 1　数值和类型转换函数

函数名	说明
ABS(x)	求 x 的绝对值｜x｜。x:I、R，结果类型同 x；x:C，结果:R
AINT(x[,kind])	对 x 取整,并转换为实数(kind)。x:R, kind:I, 结果:R(kind)
AMAX0(x1,x2,x3,…)	求 x1,x2,x3,…中最大值。xI:I, 结果:R
AMIN0(x1,x2,x3,…)	求 x1,x2,x3,…中最小值。xI:I, 结果:R
ANINT(x[,kind])	对 x 四舍五入取整,并转换为实数(kind)。x:R, kind:I, 结果:R(kind)
CEILING(x)	求大于等于 x 的最小整数。x:R, 结果:I
CMPLX(x[,y][,kind]))	将参数转换为 x、(x,0.0)或(x,y)。x:I、R、C, y:I、R, kind:I, 结果:C(kind)
CONJG(x)	求 x 的共轭复数。x:C, 结果:C
DBLE(x)	将 x 转换为双精度实数。x:I、R、C, 结果:R(8)
DFLOAT(x)	将 x 转换为双精度实数。x:I, 结果:R(8)
DIM(x,y)	求 x−y 和 0 中最大值, 即 MAX(x−y,0)。x:I、R, y 的类型同 x,结果类型同 x
FLOAT(x)	将 x 转换为单精度实数。x:I, 结果:R
FLOOR(x)	求小于等于 x 的最大整数。x:R, 结果:I
IMAG(x)	同 AIMAG(x)
INT(x[,kind])	将 x 转换为整数(取整)。x:I、R、C, kind:I, 结果:I(kind)
LOGICAL(x[,kind])	按 kind 值转换新逻辑值。x:L, 结果:L(kind)
MAX(x1,x2,x3,…)	求 x1,x2,x3,…中最大值。xI 为任意类型,结果类型同 xI

表 2　三角函数

函数名	说明
ACOS(x)	求 x 的反余弦 arccos(x)。x:R,结果类型同 x,结果值域:0～π
ASIN(x)	求 x 的反正弦 arcsin(x)。x:R,结果类型同 x,结果为弧度,值域:0～π
ATAN(x)	求 x 的反正切 arctan(x)。x:R,结果类型同 x,结果为弧度,值域:−π/2～π/2
ATAN2(y,x)	求 x 的反正切 arctan(y/x)。y:R,x 和结果类型同 x,结果值域:−π～π
COS(x)	求 x 的余弦 cos(x)。x:R、C,x 取值弧度,结果类型同 x
COSH(x)	求 x 的双曲余弦 ch(x)。x:R,结果类型同 x

续表

函数名	说明
COTAN(x)	求 x 的余切 cot(x)。x:R,x 取值度,结果类型同 x
SIN(x)	求 x 的正弦 sin(x)。x:R、C,x 取值弧度,结果类型同 x
SINH(x)	求 x 的双曲正弦 sh(x)。x:R,结果类型同 x
TAN(x)	求 x 的正切 tg(x)。x:R,x 取值弧度,结果类型同 x
TANH(x)	求 x 的双曲正切 th(x)。x:R,结果类型同 x

注:三角函数名前有 C、D 的函数分别为复数、双精度型函数。

表 3　指数、平方根和对数函数

函数名	说明
ALOG(x)	求 x 的自然对数 ln(x)。x:R(4),结果:R(4)
ALOG10(x)	求 x 以 10 为底一般对数 log10(x)。x:R(4),结果:R(4)
EXP(x)	求指数,即 ex。x:R、C,结果类型同 x
LOG(x)	求自然对数,即 ex。x:R、C,结果类型同 x
LOG10(x)	求以 10 为底对数,即。x:R,结果类型同 x
SQRT(x)	求 x 的平方根。x:R、C,结果类型同 x

注:指数函数名、平方根函数名、对数函数名前有 C、D 的函数分别为复数、双精度型函数。

表 4　参数查询函数

函数名	说明
ALLOCATED(a)	判定动态数组 a 是否分配内存。a:A,结果:L,分配:. TRUE. ,未分配:. FALSE.
ASSOCIATED(p[,t])	判定指针 p 是否指向目标 t。p:P,t:AT,结果:L,指向:. TRUE. ,未指向:. FALSE.
DIGITS(x)	查询 x 的机内编码数值部分二进制位数(除符号位和指数位)。x:I,R,结果:I
EPSILON(x)	查询 x 类型可表示的最小正实数。x:R,结果类型同 x。最小正实数: 1.1920929E−07
HUGE(x)	查询 x 类型可表示的最大数。x:I,R,结果类型同 x
ILEN(x)	查询 x 的反码值。x:I,结果类型同 x
KIND(x)	查询 x 的 kind 参数值。x:I,R,C,CH,L,结果:I
MAXEXPONENT(x)	查询 x 的最大正指数值。x:R,结果:I(4)
MINEXPONENT(x)	查询 x 的最大负指数值。x:R,结果:I(4)
PRECISION(x)	查询 x 类型有效数字位数。x:R,C,结果:I(4)

函数名	说明
PRESENT(x)	查询可选形参 x 是否有对应实参。x:AT,结果:L。有:.TRUE.,没有:.FALSE.
RADIX(x)	查询 x 类型的基数。x:I、R,结果:L
RANGE(x)	查询 x 类型的指数范围。x:I、R、C,结果:I(4)
SIZEOF(x)	查询 x 的存储分配字节数。x:AT,结果:I(4)
TINY(x)	查询 x 的最小正值。x:R,结果类型同 x

表 5　实数检测和控制函数

函数名	说明
EXPONENT(x)	求实数 x 机内编码表示的指数值。x:R,结果:I
FRACTION(x)	求实数 x 机内编码表示的小数值。x:R,结果类型同 x
NEAREST(x,s)	根据 s 的正负号求最接近 x 的值。x:R,结果:R,且不为 0
RRSPACING(x)	求 x 与系统最大数之间的差值。x:R,结果类型同 x
SCALE(x,I)	求 x 乘以 2i。x:R,i:I,结果类型同 x
SPACING(x)	求 x 与 x 最近值的差值绝对值。x:R,结果类型同 x
NEAREST(x,s)	根据 s 的正负号求最接近 x 的值。x:R,结果:R,且不为 0
RRSPACING(x)	求 x 与系统最大数之间的差值。x:R,结果类型同 x
SCALE(x,I)	求 x 乘以 2i。x:R,i:I,结果类型同 x
SPACING(x)	求 x 与 x 最近值的差值绝对值。x:R,结果类型同 x

表 6　字符处理函数

函数名	说明
ACHAR(n)	将 ASCII 码 n 转换为对应字符。n:I,n 值域:0~127,结果:CH(1)
ADJUSTL(string)	将字符串 string 左对齐,即去掉左端空格。string:CH(*),结果类型同 string
CHAR(n)	将 ASCII 码 n 转换为对应字符。n:I,n 值域:0~255,结果:CH(1)
IACHAR(c)	将字符 c 转换为对应的 ASCII 码。c:CH(1),结果:I
ICHAR(c)	将字符 c 转换为对应的 ASCII 码。c:CH(1),结果:I
INDEX(s,ss[,b])	求子串 ss 在串 s 中起始位置。s:CH(*),ss:CH(*),b:L,结果:I。b 为真从右起
LEN(s)	求字符串 s 的长度。s:CH(*),结果:I
LEN_TRIM(s)	求字符串 s 去掉尾部空格后的字符数。s:CH(*),结果:I

续表

函数名	说明
LGE(s1,s2)	按 ASCII 码值判定字符串 s1 大于等于字符串 s2。s1:CH(*),s1:CH(*),结果:L
LGT(s1,s2)	按 ASCII 码值判定字符串 s1 大于字符串 s2。s1:CH(*),s1:CH(*),结果:L
LLE(s1,s2)	按 ASCII 码值判定字符串 s1 小于等于字符串 s2。s1:CH(*),s1:CH(*),结果:L
LLT(s1,s2)	按 ASCII 码值判定字符串 s1 小于字符串 s2。s1:CH(*),s1:CH(*),结果:L
REPEAT(s,n)	求字符串 s 重复 n 次的新字符串。s:CH(*),n:I,结果:CH(*)
SCAN(s,st[,b])	求串 st 中任一字符在串 s 中的位置。s:CH(*),ss:CH(*),b:L,结果:I
TRIM(s)	求字符串 s 去掉首尾部空格后的字符数。s:CH(*),结果:CH(*)

表 7　二进制位操作函数

函数名	说明
BIT_SIZE(n)	求 n 类型整数的最大二进制位数。n:I,结果类型同 n
IAND(m,n)	对 m 和 n 进行按位逻辑"与"运算。m:I,n:I,结果类型同 m
IEOR(m,n)	对 m 和 n 进行按位逻辑"异或"运算。m:I,n:I,结果类型同 m
IOR(m,n)	对 m 和 n 进行按位逻辑"或"运算。m:I,n:I,结果类型同 m
ISHA(n,s)	对 n 向左(s 为正)或向右(s 为负)移动 s 位(算术移位)。n:I,s:I,结果类型同 n
ISHC(n,s)	对 n 向左(s 为正)或向右(s 为负)移动 s 位(循环移位)。n:I,s:I,结果类型同 n
ISHFT(n,s)	对 n 向左(s 为正)或向右(s 为负)移动 s 位(逻辑移位)。n:I,s:I,结果类型同 n
ISHFTC(n,s[,size])	对 n 最右边 size 位向左(s 为正)或向右(s 为负)移动 s 位(循环移位)
ISHL(n,s)	对 n 向左(s 为正)或向右(s 为负)移动 s 位(逻辑移位)。n:I,s:I,结果类型同 n
NOT(n)	对 n 进行按位逻辑"非"运算。n:I,结果类型同 n

表 8　数组运算、查询和处理函数

函数名	说明
ALL(m[,d])	判定逻辑数组 m 各元素是否都为"真"。m:L-A,d:I,结果:L(缺省 d)或 L-A(d ＝维)
ALLOCATED(a)	判定动态数组 a 是否分配存储空间。a:A,结果:L。分配:.TRUE.,未分配.FALSE.
ANY(m[,d])	判定逻辑数组 m 是否有一元素为"真"。m:L-A,d:I,结果:L(缺省 d)或 L-A(d ＝维)
COUNT(m[,d])	计算逻辑数组 m 为"真"元素个数。m:L-A,d:I,结果:I(缺省 d)或 I-A(d＝维)

续表

函数名	说明
CSHIFT(a,s[,d])	将数组 a 元素按行(d=1 或缺省)或按列(d=2)且向左(d>0)或向右循环移动 s 次
EOSHIFT(a,s[,b][,d])	将数组 a 元素按行(d=1 或缺省)或按列(d=2)且向左(d>0)或向右循环移动 s 次
LBOUND(a[,d])	求数组 a 某维 d 的下界。a:A,d:I,结果:I(d=1 或缺省)或 A(d=2)
MATMUL(ma,mb)	对二维数组(矩阵)ma 和 mb 做乘积运算。ma:A,mb:A,结果:A
MAXLOC(a[,m])	求数组 a 中对应掩码 m 为"真"最大元素下标值。a:A,m:L-A,结果:A,大小=维数
MAXVAL(a[,d][,m])	求数组 a 中对应掩码 m 为"真"元素最大值。a:A,d:I,m:L-A,结果:A,大小=维数
MERGE(ts,fs,m)	将数组 ts 和 fs 按对应 m 掩码数组元素合并,掩码为"真"取 ts 值,否则取 fs 值
MINLOC(a[,m])	求数组 a 中对应掩码 m 为"真"最小元素下标值。a:A,m:L-A,结果:A,大小=维数
MINVAL(a[,d][,m])	求数组 a 中对应掩码 m 为"真"元素最小值。a:A,d:I,m:L-A,结果:A,大小=维数
PACK(a,m[,v])	将数组 a 中对应 m 掩码数组元素为"真"元素组成一维数组并与一维数组 v 合并
PRODUCT(a[,d][,m])	数组 a 中对应掩码 m 为"真"元素乘积。a:A,d:I,m:L-A,结果:A,大小=维数
RESHAPE(a,s)	将数组 a 的形按数组 s 定义的形转换。数组形指数组维数、行数、列数、…
SHAPE(a)	求数组 a 的形。a:A,结果:A(一维)
SIZE(a[,d])	求数组 a 的元素个数。a:A,d:I,结果:I
SPREAD(a,d,n)	以某维 d 扩展数组 a 的元素 n 次。a:A,d:I,n:I,结果:A
SUM(a[,d][,m])	数组 a 中对应掩码 m 为"真"元素之和。a:A,d:I,m:L-A,结果:A,大小=维数
TRANSPOSE(a).	对数组 a 进行转置。a:A,结果:A
LBOUND(a[,d])	求数组 a 某维 d 的上界。a:A,d:I,结果:I(d=1 或缺省)或 A(d=2)
UNPACK(a,m,f)	将一维数组 a、掩码数组 m 值和 f 值组合生成新数组。a:A,m:L-A,f:同 a,结果:A

注:参数 m 指逻辑型掩码数组,指明允许操作的数组元素。缺省掩码数组指对数组所有元素进行操作。

表格中的符号说明如下。

I 代表整型;R 代表实型;C 代表复型;CH 代表字符型;S 代表字符串;L 代表逻辑型;A 代表数组;P 代表指针;T 代表派生类型;AT 为任意类型。

s:P 表示 s 类型为 P 类型(任意 kind 值)。s:P(k)表示 s 类型为 P 类型(kind 值=k)。

[…]表示可选参数。

主要参考书目

白云,李学哲,陈国新,等,2011.FORTRAN 95 程序设计[M].北京:清华大学出版社.

白云,李学哲,贾波,2009.新编 FORTRAN 90 程序设计教程[M].北京:北京交通大学出版社.

白云,刘怡,刘敏,2007.Fortran 90 程序设计实验指导与测验[M].上海:华东理工大学出版社.

高嵩,任延洋,李开元,等,2017.气象信息综合分析处理系统第四版(MICAPS 4.0)客户端使用指
　　南[M].北京:气象出版社.

葛孝贞,王体健,2013.大气科学中的数值方法[M].南京:南京大学出版社.

何光渝,高永利,2002.Visual Fortran 常用数值算法集[M].北京:科学出版社.

彭国伦,2002.Fortran 95 程序设计[M].北京:中国电力出版社.

沈学顺,周秀骥,薛纪善,等,2013.GRAPES 暴雨数值预报系统[M].北京:气象出版社.

盛裴轩,毛节泰,李建国,等,2003.大气物理学[M].北京:北京大学出版社.

谭浩强,1991.C 程序设计[M].北京:清华大学出版社.

谭浩强,2004.C++程序设计[M].北京:清华大学出版社.

谭浩强,2005.C 程序设计(第三版)[M].北京:清华大学出版社.

谭浩强,田淑清,1990.FORTRAN 语言[M].北京:清华大学出版社.

王保旗,2007.FORTRAN 95 程序设计与数据结构基础教程[M].天津:天津大学出版社.

薛胜军,耿焕同,2009.Fortran 语言程序设计[M].北京:气象出版社.

严蔚敏,吴伟民,1992.数据结构(第二版)[M].北京:清华大学出版社.

张文煜,仝纪龙,2015.大气探测原理与方法(第二版)[M].北京:气象出版社.

张文煜,袁铁,2018.多普勒天气雷达探测原理与方法[M].北京:气象出版社.

周振红,徐进军,2006.Intel Visual Fortran 应用程序开发[M].郑州:黄河水利出版社.

ADAMS J C, BRAINERD W S, MARTIN J T, et al, 1992. A. Fortran 90 Handbook:Complete
　　ANSI / ISO Reference[M]. New York:Intertext Publications/Multiscience Press.

CHAPMAN S J, 2018. Fortran for Scientists and Engineers[M]. New York:McGraw—Hill Edu-
　　cation.

CHIVERS I, SLEIGHTHOLME J, 2018. Introduction to Programming with Fortran (4th edition)
　　[M]. Cham:Springer International Publishing AG.